本书出版得到上海开放大学学术专著出版基金和数字化管理与服务创新研究中心的资助

本书是国家社科基金重大课题(批准号20&ZD060)"我国市场导向的绿色技术创新体系构建研究"的阶段成果

科创平台网络治理机制与策略

孔詠炜 著

上海交通大学 出版社

SHANGHAI JIAO TONG UNIVERSITY PRESS

内容提要

近年来,我国科技创新投入日益增加,带来了丰硕的创新成果,但由于缺乏科学的创新成果转化应用机制,大量的科技成果被束之高阁,造成了巨大的隐性浪费。正是在这样的科技发展历史背景下,国家提出了大力发展科创中心的战略,并相继出台了一系列促进科创发展的政策文件,突出强调科技成果转化应用的重要性,鼓励高校和科研院所与企业借助平台,立足市场开展创新成果转化和产业化的合作,为我国动能转换提供强有力的支撑。本书紧扣科创平台的网络嵌入特征,就如何利用好科创平台网络资源,进行了系统化的治理研究与设计。

本书可供科创研究者和业内人士参考阅读。

图书在版编目(CIP)数据

科创平台网络治理机制与策略 / 孔詠炜著. — 上海:
上海交通大学出版社,2025. 4. — ISBN 978-7-313
-32032-2

Ⅰ. N12

中国国家版本馆 CIP 数据核字第 202557D4M5 号

科创平台网络治理机制与策略
KECHUANG PINGTAI WANGLUO ZHILI JIZHI YU CELÜE

著　　者:孔詠炜

出版发行:上海交通大学出版社	地　　址:上海市番禺路 951 号
邮政编码:200030	电　　话:021 - 64071208
印　　刷:上海万卷印刷股份有限公司	经　　销:全国新华书店
开　　本:710mm×1000mm　1/16	印　　张:12.75
字　　数:174 千字	
版　　次:2025 年 4 月第 1 版	印　　次:2025 年 4 月第 1 次印刷
书　　号:ISBN 978 - 7 - 313 - 32032 - 2	
定　　价:69.00 元	

前　言

在企业组织网络化和创新模式网络化发展背景下,如何在网络结构中提高科技成果转化绩效,实现产业转型升级是一个有意义且令人感兴趣的研究课题。目前,在科创中心建设的过程中,创新成果丰富,但是科技成果的经济效益没有得到充分挖掘与实现,难以形成科技成果反哺创新的机制,也无法实现具有可持续发展的"研发—成果—中试—投市—收益"的创新生态链发展模式。本书在继承和发展网络治理、资源基础理论、企业动态能力以及扎根理论和系统分析结构模型等基础上,采用了理论研究与实证研究相结合、定性分析与定量分析相结合的方法,主要开展了以科创平台为研究对象的网络治理分析与研究。

第一,为了探析具有网络嵌入特征的科创平台治理机制,本书使用 Python 语言调用 request,lxml 组件编写了网络爬虫,收集了近年来上海市关于建设科创中心的政策文件和官方发言等资料,并通过 5 次调研访谈整理所得文稿资料共计约 15 万字。根据扎根理论方法,借助 NVivo 软件工具对资料进行开放性编码、主轴编码和选择性编码,挖掘科创平台网络治理的关键因素,形成了包括创新需求、科创政策、关系协调、资源集聚、契约机制、平台网络结构、科技创新、成果转化绩效和平台发展策略等 9 个科创平台网络治理关键因素的主范畴,并归纳得到了平台网络治理结构要素、平台资源协同要素和企业创新运营要素这三个可以概括其他所有范畴的核心范畴。质性研究结论为科创平台治理设计了分层次治理的研究框架,以最终实现平台网络治理的协调发展目标。

第二,以科创平台网络特性为研究切入点,通过回顾与借鉴知识网络、社会网络、联盟知识、交易成本等方面的研究,以网络嵌入的视角描述了科创平台的形成及其网络特征。借鉴公司治理研究的SCP分析思路提出了"网络结构—行为策略—运行绩效"的科创平台的网络运行治理的研究框架。依据此框架,探索性构建了四种由网络中心度和结构洞共同刻画的创新平台网络类型,分别为松散型、信息聚积型、中心主导型和紧密型网络结构,并对每种平台网络结构成员的行为策略选择进行研究,提出了差异化的平台共创共享发展的策略建议,完成对科创平台的网络结构分类治理策略的设计。

第三,在完成扎根理论分析的基础上,借助系统分析的结构模型分析方法推导出9个关键治理要素之间的关系,本书构建了网络嵌入环境下成果转化绩效与一系列影响要素之间的关系机理构念模型,并提出了企业资源整合和网络能力分别作为创新要素与科技成果转化绩效关系的中介变量,试图探索提升科创平台成果转化绩效之间的内在作用机理。同时,为了明确网络嵌入对关系机制的影响,设计了网络嵌入程度作为调节变量,运用多层次回归分析方法对构念模型的研究假设进行了验证,结果表明传统创新要素的投入对科技成果转化绩效具有正向作用,企业所拥有的资源整合能力和网络能力都正向影响科技成果转化绩效,而且在创新要素与科技成果转化绩效之间起着完全的中介作用,但网络嵌入的"诅咒效应"并没有得到完全验证。

第四,在完成了对科创平台网络的分层次治理的研究分析后,提出了一系列科创平台网络治理的策略建议并进行了应用分析。对平台网络发展提出了包括服务创新、激励机制创新和金融服务创新等实操性的策略建议,并基于前文对科创平台网络结构分类治理研究和对成果转化绩效的实证分析,提出了适应网络嵌入运行特点的科创平台网络治理策略,并对标中观,针对张江高科的创新平台网络发展治理进行了分析,还提出了适合张江高科的发展策略。

笔者组织多人共同开展本书相关的研究工作,上海财经大学商学院谢家平教授、上海对外经贸大学梁玲副教授、上海海事大学张为四博士等人都为本书的研究成果作出了相应的贡献,在此表示感谢。

目 录

第一章
导　论

研发与转化功能型平台作为上海科技创新中心（以下简称科创中心）建设中"四梁八柱"的重要组成部分，是科创中心发展政策的重要承载地，在遵循科创中心运作机理的基础上，需要设计实施提高科技创新与创业绩效的重要机制，最终实现产业的转型升级。

第一节　研究背景

科技研究与行业产业之间的联系需要有一个强大的"孵化协调器"，通过这个孵化器将实验室抽象的科技成果在市场中实现增值，借助科技成果促进产业转型升级。因此，这台机器的总体要求与目标也十分明确，即"培育形成一批创新需求明、服务能力强、管理体制新、具有较强影响力和辐射力的功能型平台"，具体包括"支撑产业链创新、支撑重大产品研发转化和服务创新创业，着力促进创新资源开放协同，降低创新创业成本"。在功能型平台的总体要求与目标的指引下，这台机器的设计与运行需要明确以下方面的定位。

一、科创平台的路径定位

事物发展需要遵循客观规律，存在着自身的发展路径，因此科创中心建设首先应准确定位发展路径，寻找可以增强科技原创动力与能力，优化创新生态，持续提高创新供给能力和效率的创新发展机制。建设科创中心需要更具有运作特性的承载机构，上海科创中心发展需推进科创平台，并明确了"推进研发与转化"的功能定位，平台内的研发侧重于成果转化的研发，市场洗礼后的再研发,经多次研发与转化而形成的循环创新机制为实现科创中心提供可行的发展机制,以"以建促研"的原则,在科创平台建设过程中反哺创新。

二、科创平台的目标定位

上海市在建设科创中心过程中借助功能型平台,以灵活的机制和体制激励平台内部各利益方的动态协同,通过平台与行业市场的相互作用,促使创新迭代以及成果的循环转化利用。因此,功能型平台的效用取决于准确的运行目标和效果目标定位,调动与组织平台成员之间利用激励与约束契约达到协同运行,根据内部关系与外界环境进行动态调节,最终要以科技创新服务市场,并依靠市场反馈为创新提供原动力,以此形成区域循环创新力量,带动重要产业的转型升级。

三、科创平台的对象定位

科创中心作为连接产业与学术的桥梁,将转化重点定位在"基于存量、盘活存量、优化存量的整合、集聚与完善",在未来发展需求引导下充分发挥存量资源,通过一系列务实的科创平台群助力科创中心建设。为存量创新资源与成果提供专业的成果转化与利用平台是一种高效的方法,一方面依靠大量的现有创新成果可以使平台迅速实现第一轮成果转化的经济与社会效益,不仅提高平台发展士气,更能吸引有实力的成员,为后续的多轮次的创新成果转化提供动力源保障。另一方面,消化存量创新成果能够激发科研人员的积极性,利用现有成果快速创造经济效益的同时,有助于消除研究人员成果被束之高阁的后顾之忧,为未来的研究种下希望的种子。

四、科创平台的角色定位

通过解读建设科创中心的发展主旨,发现科创中心不仅要实现创新成果的经济化转化,还担任着大力推进共性科技创新成果转移与社会化共享的重任。因此,在设计科创平台时需要兼顾实现经济效益的市场化功能以及可促进知识网络化转移的公益性功能。这需要突破传统刻板的组织建制,给平台充分的自由度,配以灵活的机制体制,明确市场与公益的不同职能。平台的市场化角色以未来产业发展的核心需求为导向,挖掘存量创新成果开展市场化运作模式,比如,上海石墨烯功能型平台紧扣市场需求,提供科研装置、工程化平台、中间试验线、检测服务等专业的产品研发转化服务。功能型平台在市场化运作中逐渐形成行业地位和号召力,则可在行业领域内开放共享创新能力和资源,并集结区域范围内的各类创新基地有序联动,在市场化中提供具有公共产品特征的资源共享服务,实现公益性与市场化服务结合。

第二节　问题现状

根据《中国区域创新能力监测报告 2023》中的数据可以发现,我国一直重视科技创新,近 5 年来从国家到地方对科技创新的投入与重视都在不断提升。本书对相关数据进行了进一步整理分析,总结出近几年来创新活动的规律与特点,如表 1-1 所示。

表 1-1　2017—2021 年中国区域创新能力监测报告摘录

	2017 年	2018 年	2019 年	2020 年	2021 年
企业 R&D 经费内部支出(亿元)	13 660.23	15 233.72	16 921.79	18 357.22	21 130.60
企业 R&D 经费支出占全社会 R&D 经费支出比重(%)	77.59	77.42	76.42	75.26	75.58
企业 R&D 经费支出占主营业务收入比重(%)	1.06	1.23	1.31	1.41	1.33
高科技产业新产品销售占主营业务收入比重(%)	33.6	36.24	37.25	39.26	38.94
新产品销售收入(亿元)	191 568.69	197 094.07	212 060.26	238 073.66	295 566.7
高科技产业新产品销售收入(亿元)	53 547.11	56 894.15	59 164.22	68 549.14	81 742.57
企业专利申请数(件)	817 037	957 298	1 059 808	1 243 927	1 403 611
企业发明专利申请数(件)	320 626	371 569	398 802	446 069	494 589

（续表）

	2017 年	2018 年	2019 年	2020 年	2021 年
企业发明专利拥有量(件)	933 990	1 094 200	1 218 074	1 447 950	1 691 909
科技企业孵化器管理机构从业人员数(人)	63 205	72 955	73 432	76 540	79 695
国家级孵化器管理机构从业人员数(人)	19 644	20 938	22 956	24 029	24 937

资料来源:中国区域创新能力监测报告 2023[R].中国区域创新能力监测课题组,2003.

一、科技创新投入显著增加

从数据中可以看出,从 2017 年至 2021 年的 5 年期间,企业用于研发的内部支出从 13 660.23 亿元增加到了 21 130.6 亿元,该项投入占主营业务收入的比重也是从 1.06％上升为 1.33％,并且,对于科技创新研发的重视已不仅仅是国家或地区所期望和鼓励的,企业对此也是越来越重视,投入的力度也日益增加,体现在企业研发经费支出占研发经费的总支出的比重也在增加,如图 1-1 所示。由企业投放的研发经费在这期间也一直保持着超过 75％的比例。由此可见,企业的创新力量与热情在不断地蓄力。

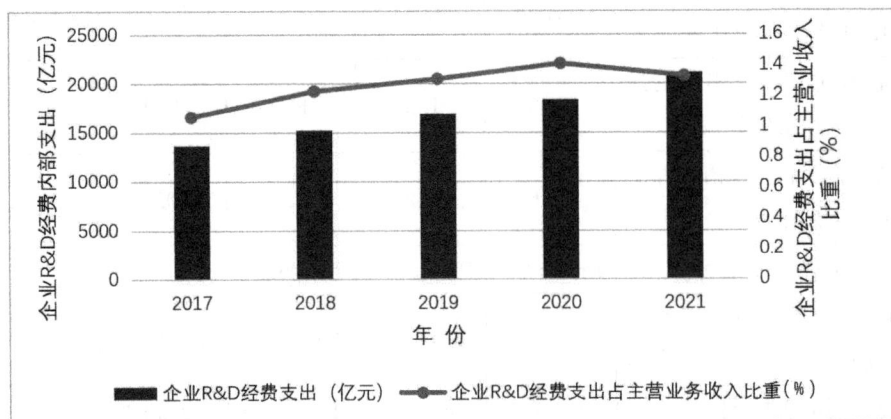

图 1-1　2017—2021 年企业 R&D 支出情况

除了企业自身的重视与投入,国家也在科创中心建设的战略框架里,通过建设与管理一系列的科创服务平台为企业科技创新提供各类服务,全国范围内各类科技孵化器,包括科技企业孵化器、国家级科技企业孵化器等的数量用 5 年时间从 5 039 个增加到了 7 639 个,增长率为 51.60%,并且在平台服务机构的从业人员配置上也得到了很大的改善与提高,孵化器人员配比平均已达到了每个孵化器约 15 位,如图 1-2 所示,充足的专业人员数量是提高专业服务质量的基础与保障。

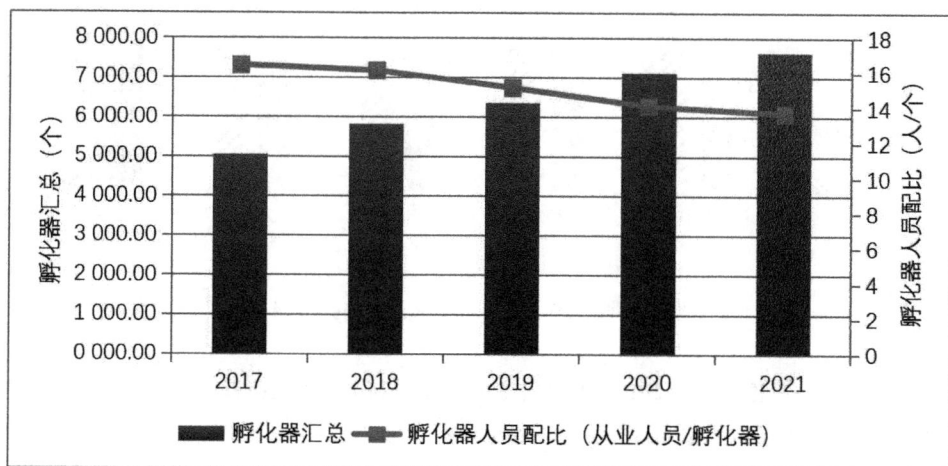

图 1-2　2017—2021 年孵化器数量及人员配比

二、科技创新产出成果卓越

创新投入不断加码,创新产出方面近几年也有较好的收获。企业专利申请数从 2017 年的 320 626 件上升为 2021 年的 494 589 件,5 年增加了 54.26%,企业发明专利的拥有量在这期间,从 933 990 件增加到了 1 691 909 件,增加了 81.15%,这是非常惊人的增长速度,说明企业在科技创新活动中保持着良好的活跃度,在科技成果方面扩充了自己所在行为领域的科技力量,保障了后续发展的发明专利存量基础。如图 1-3 所示。

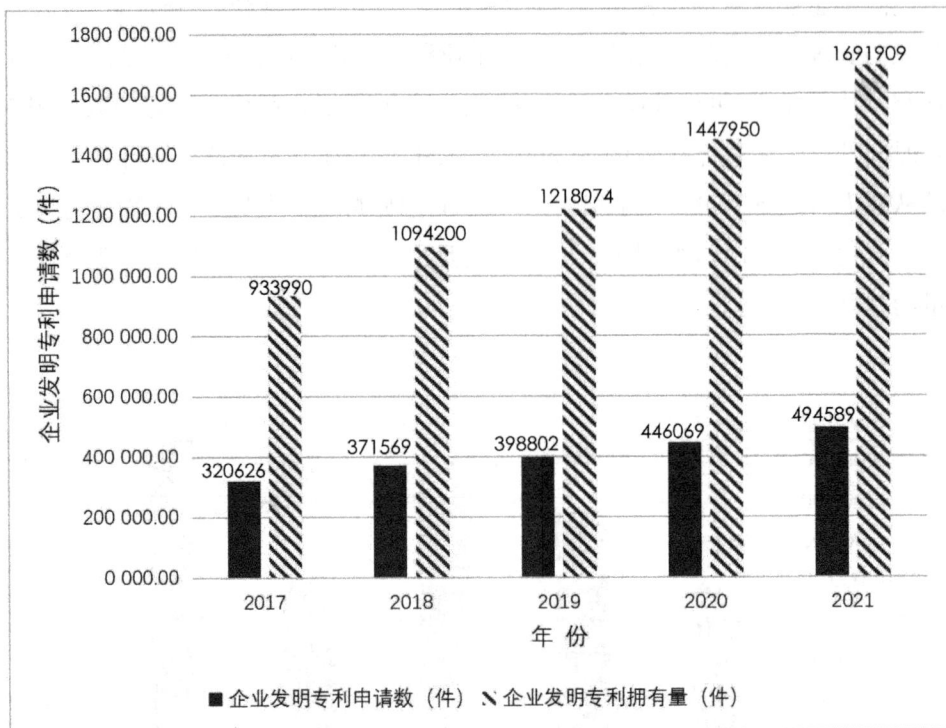

图 1-3　2017—2021 年企业发明专利申请数及拥有量

三、发明专利浪费失效严重

但是，令人惋惜的是如此骄人的科技投入与成果并未有效地转化成现实生产力，未实现成果的经济收益，导致我国长期受困于低下的成果转化率困境。对标发达国家 80％的专利产业转化率，我国仅为 5％左右，其余大部分科研成果专利被"沉睡"了。被"沉睡"的专利阻断了科技创新与经济增长之间的联系，导致巨大的科研投入无法在生产经济活动实现产出，这大大影响了创新知识与技术的正常传播和扩散，也就无法有效调整产业结构和促进生产技术进步。根据中国专利局的统计数据，2019 年，国家知识产权局共受理发明发利申请 133.9 万件，同比增长 21.5％；授权量共 35.9 万件，同比增长 61.9％。但"有效专利"存量非常之低，根据国家专利局公布的数据，截至 2020 年年底，国内有效发明专利存量为 117.2 万，其中有效专利占总量的 76.5％。排除由于专利到期、未按期缴纳专利费或专利申请流程不符合要求等原因,使大量专利"失效"的原因往往是由于从申请到产业化转化历经的漫长数年,在这过程中,申请人可能因为资金、技术、政策等困难而放弃了专利所有权的应用型研究。我国发明专利的维持年限只有 3～6 年,大大低于国外的 6～10 年,这里的失效专利并不意味着技术过时,而是对科研资源的极大浪费。

四、投入与成果贡献率下降

上述关于创新投入、产出的数据描述可以看出,无论是国家还是企业都十分重视创新,近几年也大大提高了创新方面的投入,并且从产出上来看,每年创新活动带来的新产品销售,包括高科技产业的新产品销售额都在上升,而在企业主营收入中的占比也在增加,因此,很多分析就判断目前我国进行的创新活动是成效卓著的。但是,本书觉得单从以上数据来判断是存在偏颇的。

科技创新是为了促进生产力,通过企业、产业的转型升级,实现在全球价值链位势的跨越,因此,在对科技创新成效的考量上,不能仅仅依靠以上的数据,还需挖掘能够反映出科技成果转化成经济收益的效果。本书对《中国区域创新能力监测报告 2023》中的有关企业创新的数据进行了简单的处理,得到如表 1-2 所示的指标。

表 1-2 描述成果转化活动效率的三个指标

指标	含义	公式
研发经费的费效比(%)	研发经费转化新产品销售收入的百分比,费效比越低说明经费利用越好	企业研发经费投入/新产品销售收入
发明专利的新产品销售贡献额(亿元)	反映了企业每个保有发明专利对新产品的贡献	新产品销售收入/企业发明专利保有量
新申请发明专利的新产品销售贡献额(亿元)	反映了企业每个新申请的发明专利对新产品销售产出的贡献	新产品销售收入/企业发明专利申请量

依据以上公式,计算 2017—2021 年期间企业每年的研发经费费效比以及保有和新申请的发明专利对新产品销售的贡献额,如图 1-4 所示。研发经费

可以更多地转化为新产品销售收入则说明研发投入的效率是高的,则费效比指标应是越低越好。从 2017 年至 2021 年的指标看,企业的研发经费费效比从 7.13％上升至 7.85％,说明同样的研发经费转化为新产品的销售收入减少了。来源于新产品的销售收入主要依靠创新技术的转化,而企业的发明专利保有量与新申请量是企业拥有的创新技术最直接代表。由于收集数据分类的限制,无法区分新产品销售收入是来自企业保有的发明专利还是当年度新申请的发明专利,因此,本书分别计算了企业保有发明专利和新申请发明专利对新产品销售收入的贡献额,以探析创新技术成果在此周期内的经济转化情况。若假设企业的新产品销售收入都来自企业当年度保有的发明专利,则 2017 年企业拥有的每个专利发明对新产品销售的贡献额从约 2 051 万元降至 2021 年的约 1 746 万元,下降了近 15％;若假设企业的新产品销售收入都来自当年度新申请的发明专利,2017 年至 2021 年的新申请发明贡献额基本持平。

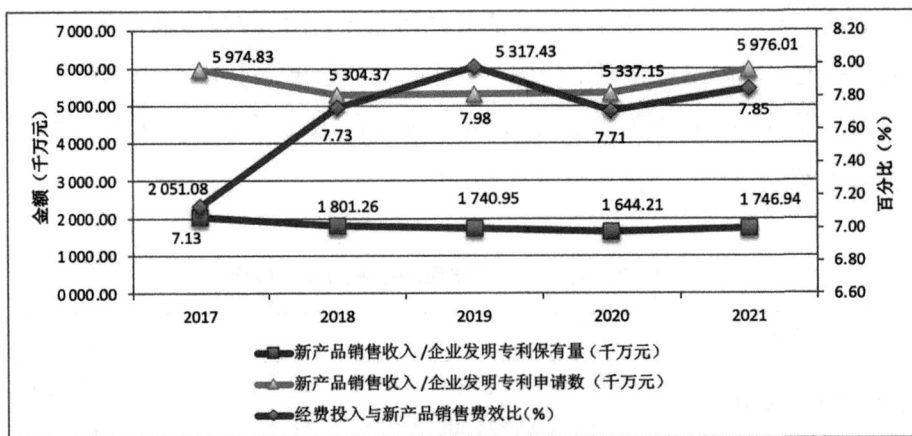

图 1－4　2017—2021 年研发投入费效比及专利发明的贡献额

从数据分析看,创新科技成果转化的效果并不令人满意,特别是企业保有的发明专利的转化与贡献不高。随着发明专利申请和授权的数量越来越多,如何使在有效期内保有的专利更好地发挥其经济和社会价值是亟须解决的问题。2015 年,国家提出了科创中心的发展与建设,并且在这之后的文件中明确了科创中心的功能之一就是促进科技成果转化绩效的提高,因此,在科创中心的发展进程中,探寻并依靠提高成果转化绩效的作用路径,是实现企业乃至产业转型升级的重要推动力。

第三节 研究目的和意义

一、研究目的

科技进步实现经济的可持续增长,但科技对经济贡献在一定意义上体现在科技成果转化为现实的生产力。科技与经济社会发展的关系越来越紧密,在这种紧密关系中有一个非常重要的纽带,就是科技成果的市场化转化与技术的推广,因此,加速成果转化与推广是科技促进经济发展的催化剂。同时,随着全球化的发展和科技化的战略提升,企业面临着竞争越来越激烈、环境越来越不确定的市场,企业只有拥有有价值的、稀缺的、不可模仿和不可替代的资源,才有获得持续竞争优势的可能性(Barney,1991,2001),企业只有充分利用网络形态,在网络中有效地整合资源,包括内在资源、外在资源,在动态性的环境中识别出发展的机遇,抓住稍纵即逝的机会。科创平台的发展为创新活动提供了平台和机会,如何在舞台中心唱出好戏则需要一系列的策划与设计。因此,本书的目的有如下几方面。

第一,进行扎根理论分析,挖掘科创平台治理的关键因素,并分析因素之间的关系,搭建多层次科创平台网络治理框架,为网络治理策略提供理论支持。

第二,分析科创平台网络嵌入特性,选择有代表性的指标对平台网络进行分类,提出差异化平台网络发展策略,完成科创平台网络结构分类治理。

第三,分析科创平台网络创新活动的资源要素与能力,揭秘科创平台提升成果转化绩效的"黑箱",完成对科创平台绩效提升机理的分析研究。

第四,针对科创平台的网络关系风险,考察网络嵌入在提升成果转化为目标的网络治理过程中的调节作用,发现存在网络嵌入过度的负面影响,因此提出科创平台网络治理过程中网络嵌入调节效应的研究。

第五,基于以上研究,提出科创平台治理发展的演化路径,设计有针对性、可操作的治理策略。

二、研究意义

在大力发展绿色全产业链的大背景下,要求一种最终产品的生产加工全过程——从最初的原材料一直到最终产品的应用与消费,以及报废后回收再制造环节的全过程,总体上都具有资源节约和环境友好特征。为了实现绿色全产业链的运行发展,①产业链的制造环节主要完成对全球价值链的低端依赖的摆脱,这需要依靠技术(如新材料、新生产工艺的生产技术,产品从设计到生产制造,再到回收再制造的绿色设计等)与市场(绿色消费偏好的导向)的综合能力的提升;②通过创新设计提升产品质量、能效、节材、易回用等产品性能;③通过回收组织机制和绿色回收方法的创新设计,实现回收再制造技术能力与绿色设计能力的提升;④最终以绿色核算方式的创新,完成对制造环节产生的重要资源消耗和排放的弥补。

对绿色全产业链最朴实的理解就是在企业和产业转型升级过程中,实现集约化提高与技术提升,依靠科技创新对在本土的产业链环节进行重新布局,减少"不绿色"的环节,增加清洁环节和高附加值的环节,实现产业链全环节的绿色化。因此,从全产业链绿色化的立足点出发,推动本土产业的转型升级,首先要明确企业是全产业链绿色化进程中的微观基础,只有企业的升级发展才能实现重构产业链布局,而从企业层面开展的科技创新活动是推动转型升级的原动力。从发展层级上分析,关于绿色全产业链发展有着清晰的宏观、中观、微观的分层级目标,即企业的模块化(专业领域划分)转型与服务升级是在从全产业链的结构重塑升级到区域产业转型与集群升级的共同要求下的微观层面战略,并且企业层面的转型升级为产业至全产业链发展的支撑和保障。

综上所述,在绿色全产业链发展战略部署下,产业发展将面临着重大的变革,关于变革的策略如果一味模仿发达国家重点保留技术研发和品牌服务的两大环节,而斩断放弃具有比较优势的加工组装产业基础,这不仅不能实现转型升级,还会带来巨大的机会损失。因此,必须要基于比较优势的产业技术基础,由目前的代工环节向技术创新和品牌服务的高价值增值环节攀升,充分挖掘和利用科技领域中的大量科技成果存量,提高具有比较优势产业的技术含量,稳步实现价值链中从低、中、高端的发展路径,通过价值共创协调,利用专利技术实现模块差异化,从技术革命与升级夯实绿色全产业链的转型升级战略的发展基础。因此,创新是实现全球价值链位势跨越的重要手段,近几年国家大力推进的科创中心发展,为企业到产业的转型升级提供了优质的创新创业交流平台。

(一)理论意义

从理论上看,本书的研究意义主要体现在以下几方面。

第一,研究逻辑创新。①通过扎根理论提炼出科创平台治理关键因素的主次范畴,并理清了它们之间的"故事线",首次提出了科创平台的网络治理研究的层次框架结构,从全局视角对科创平台网络特征进行分析,构建了包含网络治理结构要素、平台资源协同要素和科技创新运营要素的多层次治理框架。科创平台存在多层次管理的实际情况,即从各个层面都需要进行管理和协调时,这种分层次的治理策略就非常适用。②本书通过文献阅读与辨析,在网络形态下对"资源—行为—绩效"模式进行了更新与拓展,并对"环境—结构—行为—功能—绩效"的战略管理领域分析问题的基本逻辑和路径在网络形态背景下对不同环节的表现与作用进行了深入分析,剖析了科创平台网络治理在追求成果转化绩效提升的过程中,需要从科技创新运营要素中挖掘提高科技成果转化绩效的内在机理和路径,提出"创新要素资源—关系协调—科技成果转化绩效"三元素理论逻辑。由此,补充了网络治理理论,并对科创平台治理乃至创新网络治理的研究提供了新的研究思路。

第二,关键构念创新。上述的理论逻辑思路中蕴藏着三个关键构念。①科创中心科创平台的网络嵌入影响科技创新成果转化绩效的构念创新。科创平台网络嵌入存在关系嵌入和结构嵌入两个维度,平台成员在网络中的网络位置、与合作伙伴的关系紧密程度以及平台网络的整体布局都对成果转化绩效产生影响,因此,网络嵌入作为一个重要的创新环境特征,从多个方面对平台网络治理产生影响。②对平台资源协同要素中的关系协调作为创新资源要素提升成果转化绩效主效应的中介变量的构念创新。在科创平台网络结构的特征下,在合适的位置有利于最好地发挥创新要素的作用与价值,通过网络的识别、构建和利用能力,吸收知识和转移技术,引导资源的流动,充分发挥关系协调通过完成创新资源要素对成果转化效率的影响。③科创平台网络嵌入调节资源整合和关系管理对成果转化绩效的构念创新。网络嵌入体现出来的网络中心度、网络密度以及网络关系强度的变化调整都会影响关系协调的效果,因此如何利用好网络嵌入关系着科技成果转化绩效的高低。以上三个构念创新保证了研究逻辑主线的实现。

第三,研究切入点创新。以上所述的三个关键构念是建立在三个研究切入点的创新基础上的。①以创新成果转化绩效提高作为研究的切入点,探寻科创平台创新绩效提升的内在原动力,剖析传统创新要素提高成果转化绩效的内在机理;②以分析科创平台的网络特征为切入点,对平台网络类型进行了分类,提出了科创平台需要进行差异化的发展策略,并在此基础上将对平台网络关系治理的具体策略落实于结构分类治理、创新活动运营治理和关系协调治理;③从科技创新运营要素入手,以科创平台成果转化创新活动带来的知识共享与外溢、技术的转移与应用、信息资源的流动为切入点,分析科创平台提升成果转化绩将效的内在机理。

(二)实践意义

从实践上看,目前我国科创中心正在如火如荼地开展,科技成果丰富是前期发展的胜利果实,现状却是缺乏经济化转化,使科创中心难以形成一个完整的价值增值闭环,难以实现自洽的持续发展。成果转化绩效的提升仅靠高校、科研院所或者拥有强大的研发中心的大企业是无法实现科技成果与市场需求之间的快速对接要求的,这需要有大量的中小型创新企业参与进来,以敏锐的市场嗅觉和灵活的发展机制,充分发挥资源优势实现科技成果转化。本书的研究旨在对科创平台进行有效治理提出建议,从网络治理结构要素、资源协同要素和科技创新运营要素等三方面实现科创平台网络的协调发展。

第四节　研究内容

一、研究设计

在科创中心研发与转化平台网络化发展背景下,科技成果丰富且优质,却难以有效转化为科技生产力,难以创造可观的经济与社会价值,本书即以此问题为出发点,能够借鉴知识创新理论、社会网络理论、知识网络理论和企业能力理论等理论,以提升科创平台创新科技成果转化绩效为目标,基于网络嵌入视角,开展了如下研究活动。

首先,运用扎根理论方法和结构模型对政策文件和访谈记录文本等素材进行编码并进行了关系梳理,搭建了一个科创平台的治理框架,为后续研究与分析奠定基础,这部分工作主要在第四章中完成。根据扎根理论中提炼出来的关键治理因素,本书搭建了一个包括网络结构分类治理、创新活动运营治理和网络关系协调治理三个层次的治理研究框架。

其次,第五章在总结科创平台网络特征的基础上进行平台的网络类型讨论,分别为松散合作型、信息聚积型、中心主导型和紧密共享型等四种科创平台网络类型,并针对不同的平台网络类型,提出了科创平台结构分类差异化治理策略,实现科创平台网络的资源合理流转与协调发展。

再次,基于科创平台的治理框架设计,讨论如何运用平台资源协同要素和科技创新管理要素实现平台的成果转化绩效提升,揭开“创新资源投入—成果转化绩效提升”的神秘“黑箱”。第六章提出在网络嵌入环境下,平台集聚创新资源、关系协调与创新成果转化绩效之间关系机制的构念模型及相关的研究假设,探讨了平台网络创新活动提升绩效的内在机理以及在网络嵌入下的调节机理。第七章在第六章关于科创平台网络创新绩效实证研究的理论模型基础上进行数理实证研究,主要包括调查研究对象的确定、变量的设置与测度、问卷的设计和数据的收集分析,并通过构建多层次回归模型进行实证分析,再对具有中介变量和调节变量的模型进行回归分析。

最后,在理清了提高成果转化绩效的内在机理和网络嵌入的影响机理,以及科创平台的网络运行特点后,分析了科创平台发展演化的逻辑路线,提出了科创平台治理策略建议和治理方案,并通过主要以张江高科为代表的案例,对所提出的管理策略进行了应用分析。本书的研究技术路线图如图1-5所示。

二、研究方法

基于知识创新理论、社会网络理论、企业能力理论、区域创新生态系统理论和新组织制度理论等理论与相关研究成果,本书采用文献分析与调研访谈相结合、理论研究与实证研究相结合、案例研究与问卷调查相结合、定性分析与定量研究相结合等研究方法对科创平台网络特征、创新成果转化绩效的影响要素以及关系机制进行了研究,从而保证了研究的科学严谨性以及研究成果的信度和效度。本书采用的主要研究方法简述如下。

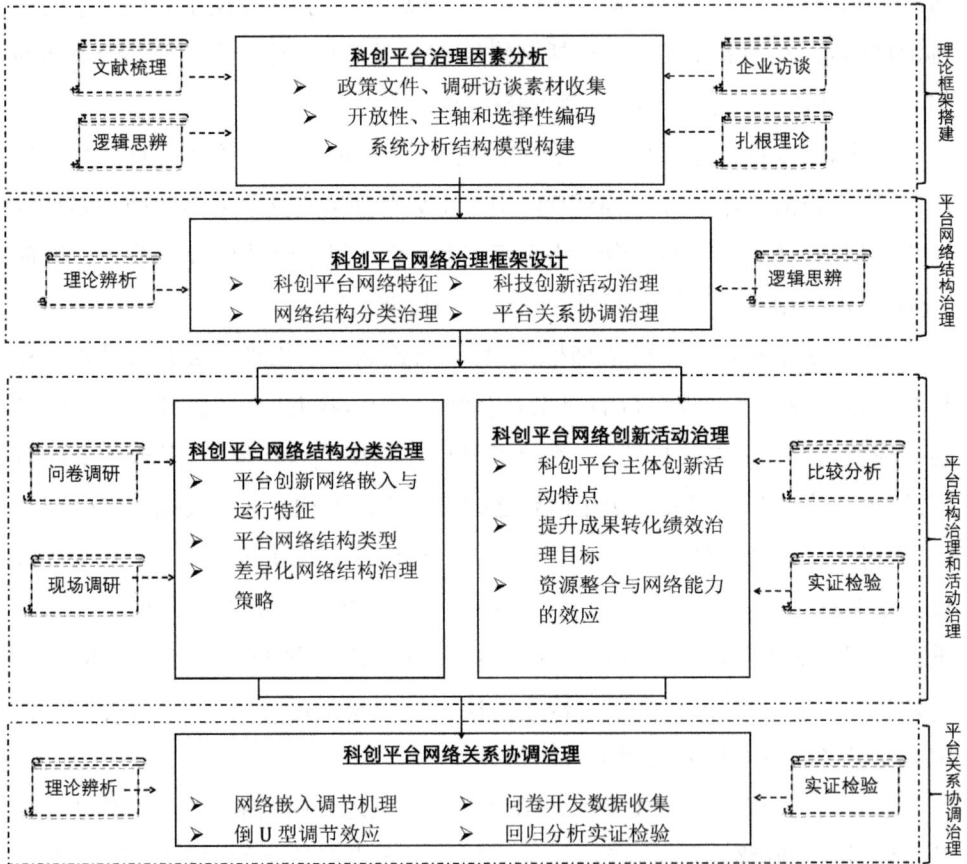

图 1-5 研究路线图

(1)政策分析与调研访谈相结合。利用网络爬虫软件收集上海市建设科创中心有关的政策文件,用扎根理论方法进行编码形成科创平台发展政策文件的核心范畴,并结合针对上海具有代表性的科创平台的访谈记录,探寻科创平台治理的关系因素,为本书的多层次网络治理框架提供重要的理论基础。

　　(2)理论分析和实证分析相结合。本书综合和交叉多种理论内容,首先,应用扎根理论方法对科创平台网络创新治理关键因素进行挖掘,并应用 ISM方法梳理关键因素之间的关系,以此为根据完成本书的基本框架;其次,基于企业能力、社会网络嵌入等理论研究了创新企业提高成果转化绩效的内在机理以及网络嵌入性对其的调节作用,并通过调研问卷获得的数据,运用实证分析方法对上述分析进行检验。

　　(3)比较分析和关系论证相结合。采用社会网络分析方法,选择网络中心度和结构洞两个具有代表性的网络测度变量,将科创平台网络分成四种类型,比较分析每种类型的特征,制定差异化的平台网络发展策略,推演了每种类型之间的演化关系,以此完成科创平台网络的整体结构治理设计。

　　(4)逻辑思辨与案例应用相结合。汲取科创平台网络层次化的治理机制设计,提出服务创新、金融创新和激励机制创新的平台治理策略以及针对创新企业的管理策略;并对标北京中关村的发展,分析了张江高科的发展短板,并针对性地提出了发展策略。

第二章
科创平台的网络特征

根据国家中长期科学和技术发展纲要文件精神,科技创新平台是整合集聚科技资源、具有开放共享特征、支撑和服务于科学研究和技术开发活动的科技机构或组织。科创平台是国家创新体系的重要组成部分,是全社会开展科学研究与技术开发活动的物质基础和重要保障,是深化科技体制改革的重要举措,也是推进政府职能转变、提升科技公共服务水平的有力抓手。作为发展科创中心的重要承载平台,科创平台是贯彻落实科创中心相关政策,服务创新创业企业一种网络化松散的组织形态,科创平台的表现形式多样,并没有统一的规定,包括了科技企业孵化器、高新科技开发区、科技园区、研发与转化功能型平台等形式。其中近年大力提倡的研发与转化功能型平台是完善创新生态的重要机制安排,是厘清政府、企业和创新研发机构的重要突破口。

第一节　科创平台的定位与组织形式

上海在建设科创中心的过程中,结合发达国家经验并立足上海实际情况,进行了战略性的平台布局与建设,在先期推出了上海微技术工业研究院、上海产业技术研究院、国家技术转移东部中心等试点。研发与转化功能型平台,在业界并没有进行理论化的定义,一般都是从平台的发展目标和功能定位方面来讨论,即是所谓的列举式、开放式的定义方式,这也给研发与转化功能型平台更多的发展机会。

从最初提出研发与转化功能型平台并建立试点后,2016 年上海进一步深化研究,对功能型平台进行了系统化的设计与规划,提出了"着眼于创新要素的聚集、开放和协同,聚焦研发与转化关键环节,依托高水平研究和设施,服务各类创新主体,促进创新链、产业链和服务链的协同发展,发展和培育创新型企业,支撑引领产业创新发展"的总体发展定位。从定位内容可以看出,当时的研发与转化功能型平台的功能仍主要定位于"创新研发"的维度,而对于"创新转化"的定位并不充分。当年对于研发与转化功能型平台的定位符合当时大力以科技成果实现民族伟大复兴的中国梦,但随着科创中心建设的进一步推进与深化,原来对于研发与转化功能型平台的定位出现了与当前时代和环境不符的情况。现阶段的科技成果无论是数量上还是质量上都比以前有了大幅度的提升,而使科技成果无法有效转化为市场价值成为需要主动解决的矛盾。

于是在 2018 年初,上海市发布了《关于本市推进研发与转化功能型平台建设的实施意见》(以下简称"意见"),意见重新明确了科创中心的研发与转化功能型平台的目标、功能定位以及管理运行机制。意见首次明确了功能型平台运作中市场化运作的重要性,强调了公共科研的非营利属性,又注重市场化、专业化运作机制,平台的三大核心能力:一是掌握有利于重大产品攻关的产业共性技术、工艺和标准;二是具备制定研发与转化的系统解决方案的能力;三是在相关行业有较高的地位和较强的号召力。为了在实践中更具有可识别性和可操作性,意见中将研发与转化功能型平台与已有的创新平台和基地进行了区分,功能型平台与传统平台相比较,资源更集聚、功能更完善、机制体制更创新,从而形成三大特性——功能综合性、服务公共性、网络枢纽性,但也明确了并不是要抛弃已有平台基础的另起炉灶,而是强调了基于存量、盘活存量、优化存量的整合、集聚与完善。综上所述,上海提出的研发与转化功能型平台是对科技平台网络化发展的一次大力推进,待 18 个功能型平台完善后,将成为科创平台发展典范,进一步推进功能型平台外的大量科创平台的发展。

第二节　科创平台网络化的形成与运行

科创中心下的科创平台由政府、企业、高校和研究所等独立的个体通过共同目标的合作活动组成一个相对稳定的组织,平台参与者所具有的有限理性和自身利益最大化的运营思维特点也会在平台共享活动中被传播。这种个体的有限理性在科创平台管理中通常表现为决策权分散引起成员之间的目标不一致,最终使科创平台的社会创新服务目标难以实现。由于科创平台的参与者保留的独立性带来平台网络内的信息不对称、任务分工,以及可能存在的认知偏差,使在平台共创过程中存在机会主义的道德风险,这同样影响着科创平台运行的预期目标实现。科创平台中政府、企业、高校和研究所在各自的领域中拥有的经济与社会关系,在参与平台活动过程中获得原本独自难以完成与获取的创新任务与资源外,还将自己的关系网络与结构嵌入到科创平台中,从而使平台的网络关系不仅限于参与者,其背后的关系资源也嵌入其中,形成科创平台复杂多样的网络形态。在这种关系与结构嵌入情形下开展的合作可以加强价值链内的联系,减少交易消耗和提高内外资源的效率,实现科创平台网络的有效联结。在这种网络形态中,企业之间的竞合关系更为密切,随着协同创新合作不断深入,主体之间持续保持着非线性关系(万幼清等,2014),使科创平台的关系更为复杂多变,需要在协调与抑制的简单运作管理中融入具有网络特性的治理思路。因此,在科创平台网络运行管理过程中应关注"关系嵌入"与"结构嵌入"的影响,构建具有社会网络特征的运行治理新模式。

一、科创平台网络功能及成员分工

如图 2-1 所示,在由政府、企业、高校与研究所作为主要参与者组成的科创平台中,高校与研究所在日常教学与科研工作中为科研合作与支持进行人才储备与技术积累。企业利用价值链运作,通过链中合作者或凭借自身市场经验对产品的技术需求进行识别,在与高校与研究所的合作中将具象的产品技术编码为知识创新需求。高校与研究所作为科创平台的主要技术创新环节,以市场技术创新需求为导向,进行共性技术与专利技术的攻关,在完成知识技术创新任务后,依据相关的机制策略,由企业在生产环节中进行技术成果试验,双方紧密合作提高技术成果的市场转化效率。成功实现商业化后,在市场中检验产品技术并获得反馈,继续在科创平台中推进以市场为导向的技术创新深化活动。

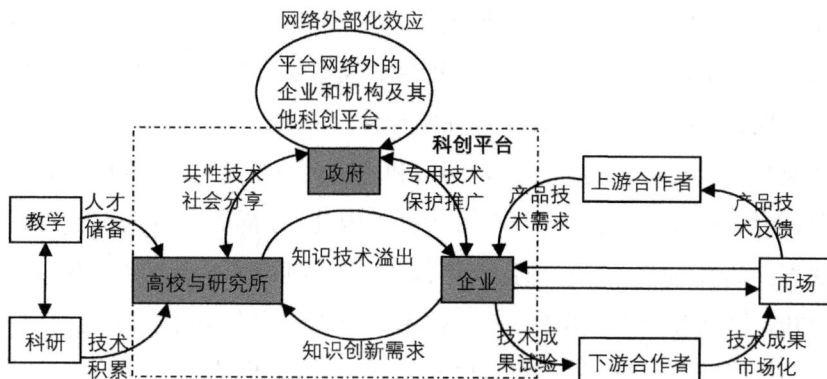

图 2‒1　科创平台网络示意图

　　在研究机构与企业进行市场导向的技术合作过程中完成的共性技术,依靠政府机构的技术服务功能实现共性技术的社会共享;同时,应用于商业开发的专利技术,则依据政府相关政策进行有计划的保护与推广,逐步实现网络外部化效应;此外,科创平台通过政府丰富的社会资源,吸收利用外部知识网络中的已有共性技术,并在一定条件下共享自有专利技术,从而降低创新成本、缩短创新时间。

　　可见科创平台中的主体在参与组建平台时以嵌入的形式将已有的外部知识网络和社会关系网络融入,其中企业将所在的创意价值网络以及生产制造供应网链嵌入,高校与研究所通过教学活动以及学术科研活动实现人才与知识积累,并将其嵌入创新平台网络,为科创平台的共创共享活动提供技术保障,而政府则将与平台外其他企业和创新平台形成的社会网络嵌入,并以制度促进与保障更为丰富的共性技术与专利技术的转移与互享。

　　外部知识网络是知识通过嵌入的方式嵌入社会网络中而形成的,因此科创平台参与者的外部知识网络通过主体间知识的共享与转移嵌入到各个主体的社会网络中,使平台网络主体在更大的社会网络空间中相互影响。基于资源观理论认为企业通过交易或契约等方式嵌入到产业链中,各企业所拥有的内外部关系社会资源也随即被带入,为成员间合作提供了更多有形和无形的资源,提高了单个企业及产业链的市场适应性与竞争力。同时,企业的嵌入行为改了变原有产业链的网络关系,这种网络形状的改变也会对嵌入的企业以及网络中原有企业的行为策略产生影响。根据关系嵌入对网络影响的程度不同可以分为强关系与弱关系,则产业链中企业之间会形成密切程度不同的关联,因此成员之间渗透性、信任关系、共享程度存在差异性。

企业与组织已形成的外部知识网络和社会关系网络,以嵌入的形式融入科创平台,并以间接的形式影响着平台运行。因此,分析研究科创平台运行不仅需重视直接的参与者,包括政府、企业和高校与科研机构,还应考虑到嵌入平台的外部知识网络和社会关系网络,包括企业与组织参与其中的供应链网络、产业集群、基金科研项目以及各种其他的创新平台,以形成科创平台网络的观察视角。科创平台参与主体在创新研发、成果转化、社会创新服务等活动中交织出涉及经济、知识与社会多层次复杂的网络,而这些相互交错联系的网络又构成了主体赖以生存的社会结构。平台的各类主体的关系嵌入形成多方位合作,在这种以共享为基础的合作中双方都十分重视合作质量,在不断合作中相互了解对方的目标与需求中产生信任和信息分享等行为,则在平台网络中构建出具有一定约束力的社会关系联结。嵌入科创平台网络的主体之间,出于节约交易成本以及通过历史合作交易形成的信任关系,大多愿意在网络中选择未来可能交易的合作对象,由此形成的网络交易结构在一定程度上可以抑制机会主义的出现,因为在网络中成员间的持续性交易是重复性博弈的结果,而一次违约或欺骗都会导致其在网络中的关系断裂。

二、科创平台网络运行特征

新经济社会学被誉为西方研究经济与社会关系的三大视角之一(Holton,1992),它的主要理论主张个体或组织的经济行为是通过嵌入性被社会关系定位(Situated)的,而嵌入分为关系性嵌入和结构性嵌入,即企业嵌入关系网络中受其影响,将其又嵌入各自的社会结构,并受到来自社会结构中的资源、文化、价值因素的影响(Granovetter,1992)。关系嵌入是一种特别的关系,成员之间重视双边交易的质量(Uzzi,1997)和成员间的互动过程,以形成强有力的、社会化的关系,对成员之间的行为效益产生共同了解,相互观察对方的目标与需求,进而影响信任和信息分享等行为策略。关系嵌入可以在企业与供应商、顾客及合作伙伴之间形成一种强调社会关系联结的非正式网络,这会影响网络内的信息分享的程度(Andersson,2002)。可见嵌入是多方互动的过程,并借助于强有力的社会化关系对行为效益产生共同了解进而影响行为策略。

(一)科创平台社会网络特性

科创平台是开放式创新的一种新模式,企业参与科创平台后可以构建出属于自己的外部知识网络,从中获取外部知识,积累创新资源要素并与企业内部资源整合,实现创新能力和绩效的提升。科创平台中所有的参与者,包括关联企业、高校、研究机构,借助平台将所有外部知识进行有效整合,并通过"嵌入"建立外部知识网络,有效提升知识的获取、共享和应用,形成创新驱动力,增强企业的创新能力。参与者通过平台与更多的外部组织之间联系由原来的单一二元关系发展成为多组织间相互依存的网络关系(Yang等,2010),在这种关系中资源共享的广度、深度和强度均有得到强化(彭正龙,2011),而且外部创新网络的关系强度和网络密度对网络内的核心企业的知识创新与整合存在正向关系(王燕妮等,2013),并且有利于提高企业创新绩效(刘学元等,2016)。各类行为主体在交换资源、传递信息的过程中形成的各种关系总和称之为网络,社会网络是其中一种类型。在社会网络中的"结点"是关系中的社会行为者,而"边"是行为者之间的社会关系。在社会网络研究领域,个体、公司及社会企业,任何一个单位或实体都是网络中的结点。按照 Hakasson (1987)的观点,网络应该包括三个基本的组成要素:行为主体、活动的发生、资源。

开放式科创平台网络内的行为主体主要是指参与平台的主体,包括政府、企业、研究机构,以及同处一个网络结构中的其他相互间接联结的企业与组织,而网络结点的连接则是平台网络中组织间进行的知识共享与共创活动带来的知识、信息、资源以及金融资源等要素的转移流动联系。除了科创平台网络直接参与主体之间的关系外,成员嵌入平台网络前已形成的社会关系,仍可以通过开放的网络边界与内部进行资源交换。

(二)平台网络结构不均衡性

因此,开放式科创平台网络始终在平台内结点以及平台网络外结点之间进行着活跃的往来,这种丰富的结点之间的活动使开放式科创平台网络成员之间的联结产生了"结构洞"现象和特征。结构洞是指在社会网络中一个个体与其他个体存在直接联系,而其他个体之间不存在直接联系,这种无直接联系或联系间断的现象犹如网络中的洞穴。在结构洞中,将本无直接联系的双方连接起来的第三者可获得信息和控制优势(Burt,1992),占据结构洞的企业通过获得多方面的非重复性信息并进行储存而成为信息集散中心。在科创平台网络成员间有不同的知识创新与传播的任务,对于掌握核心关键技术创新任务的主体而言,由于其重要性和稀缺性更易于与平台中其他成员建立联系,并且通过它使成员产生联系,形成网络中知识流转路线,进而决定了资源流向,最终实现对资源的配置及收益(邬爱其,2007)。在科创平台中由结构洞集聚的包括人才、知识技术、信息、资金等方面的资源。当参与企业组织在平台网络逐渐与多个伙伴形成并保持联盟关系的时候,就形成了一个联盟组合(alliance portfolio),其中有两种典型的网络特征:网络地位和结构洞。高地位企业如果在联盟组合中建构结构洞,可以获取更多的信息和控制优势,这种网络高地位核心企业拥有的控制力会强化对低地位非核心企业的影响与控制(王伟光等,2015),但同时可能损害自身的地位或绩效,故高地位企业会在一定条件下增加或减少结构洞的建构(张光曦,2013)。因此,科创平台的关键成员占据的关键地位所形成的结构洞保障自身的优势并可影响整个平台网络的资源配置效率。

开放式科创平台网络中结构洞的存在,使成员之间的联结关系产生了差异性。一些成员形成平台网络的信息与资源中心,而其他成员之间关系则存在亲疏之别,这使平台网络结构不均衡,呈现出不同的网络形态。不同的网络结构影响成员在复杂网络形态中的行为策略选择与绩效评价,因此在科创平台网络运行治理过程中需要采取包含了社会网络特征的分析方法与手段。

(三)科创平台网络治理目标

具有网络特性的科创平台运行治理目标不仅仅是平台运行过程治理,更重要的是科创平台网络通过共同科技创新与社会技术服务形成的网络外部化效应的结果治理。科创平台作为公共科技创新平台是处于公共物品与私人物品之间的产品与服务,平台参与者无法独占其成果,却可以通过共享获得创新成果外溢带来的良性外部效应,这种准公共物品一方面需要对平台网络运行过程进行治理,以增进成员间的信任,通过制度设计引入竞争机制(比如知识产权界定、收费制度、代理及竞标等形式)形成市场供应,这需要在科创平台运行管理中制定具体的产业化应用和推广办法,制定转让条件并约束技术成果拥有者的行为,防范"道德风险""搭便车"等机会主义行为。另一方面,提高科创平台网络的协同创新能力,最终实现资源配置优化及共享价值创造的治理结果目标。

第三节　科创平台的网络嵌入性主体

根据资源依赖观点,企业是资源的集合体(Das,et al.,2000),其拥有的战略资源的质量、数量及使用效率决定了企业的持续竞争优势,由于存在发展路径与环境的不同,企业难以完全拥有发展所需要的所有资源,因此,借助网络形态的发展可实现资源的共享与互补。科技成果转化所涉及的资源要素众多,其中包括资金、人才、技术、政策等一系列资源的协调配合,而且在目前精细社会分工的市场环境中,一项实验室成果最终成为满足市场需求的产品的过程需要多元化资源与合作。成果转化的资本资源需要涵盖包括技术研发、中试、市场化投产运营等需要高度衔接的众多环节,这就要求有一套持续的资本投入,否则难保受困于进退两难、半途而废的窘境。但需要指出的是持续的资本投入并不能保证可以解决在成果转化过程中出现的一切问题,比如研发人力资源的缺口单靠资本策略未必可以解决,因为人才要素投入受到制度、产权、激励等机制因素的影响,而且新技术的人才往往是紧缺的,并与技术紧密联系。科技成果转化是一个贯穿着技术的不断获取与开发的过程,凭借一己之力难以实现,因此,成果转化过程的要素投入都需要充分利用外部资源。

人才、技术等资源对于企业来讲是最具有竞争力的核心要素,在传统的运作模式下不可能实现无界自由转移的。而凭借功能型创新平台独特的合作机制,才可能实现最大程度的知识、技术的转移与共享。而且已有众多的研究成果表明,企业的经济性和创新绩效是由在网络中的嵌入性决定的,并从实证的角度论证了网络嵌入与创新的关系。例如,企业之间借助网络可以组合与融合异质性、互补性知识提高创新能力(Owen-Smith and Powell,2004),而且网络内的企业更多的是借助关系或网络结构共同创新知识价值,并且网络成员之间的关系质量与关系结构直接决定了知识创新能力的提高(杨虹等,2008)。

特别是进行突变性的技术创新时,需要依靠包括了科研机构、企业、投资者、领先用户以及其他相关利益者的网络获取更多的异质资源,应对更大的技术与市场的不确定性(Wassmer，2010)。网络形态的创新活动能给企业带来关键优势资源与能力，不仅在企业内部，更重要地存在于超越组织边界的外部网络中(Gulati，1998，1999；Dyer，1998，2000)。

在涉及组织网络时，较多关注关系强度而忽视了嵌入强度，关系强度与关系嵌入强度分别是在社会资本与社会网络嵌入性视角下的两个概念。关系强度是一种对组织关系中企业之间联络紧密性进行客观描述，这种描述往往是组织内企业行为一种反映，并不强调关系对行为的逆向影响。而基于社会网络视角对组织网络中的关系嵌入不仅描述个体通过"嵌入"网络后的个体状态的影响与变化，而且也关注这种嵌入行为或状态对原有组织网络的影响，关系嵌入强度则对影响程度进行刻画。

新经济社会学被誉为西方研究经济与社会关系的三大视角之一(Holton，1992)，它的主要理论主张个体或组织的经济行为是通过嵌入性被社会关系定位(Situated)的，而嵌入分为关系性嵌入和结构性嵌入，即企业嵌入关系网络中受其影响，并将其又嵌入各自的社会结构，并受到来自社会结构中的资源、文化、价值因素的影响(Granovetter，1992)。关系嵌入是一种特别的关系，成员之间重视双边交易的质量(Uzzi，1997)和成员间的互动过程，以形成强有力的、社会化的关系，对成员之间的行为效益产生共同了解，相互观察对方的目标与需求，进而影响信任和信息分享等行为策略。关系嵌入可以在企业与供应商、顾客及合作伙伴之间形成一种强调社会关系联结的非正式网络，这会影响网络内的信息分享的程度(Andersson，2002)。可见嵌入是多方互动的过程，并借助于强有力的社会化关系对行为效益产生共同了解进而影响行为策略。

关于开放性和封闭性对协作创新影响的争论一直存在：Coleman认为网络封闭性有助于知识、信息的流动，从而促进创新思想的产生；另外一种观点则认为结构洞(Burt，1992，2001，2005)和弱联系(Granovetter，1993)更有助于新信息的获取，从而提高创新的可能性。网络嵌入的结构嵌入中，若网络位置高度中心化使企业与外部网络的距离拉大；网络规模过大时使企业和网络密度过于密集时，虽然保证了成员行为规范的形成与实施，但在此基础上再加强关系，则会让网络成员陷入"过度嵌入的困境"，这会使其产生"潜在的成长障碍"(Lechner，et al.，2003)，这将影响企业的创新绩效。在相同的创新功能型平台中，各个成员企业同处于一个新兴产业，其成长的背景与经历也具有相似性，很可能拥有相同的属性，这种"同类相聚"的凝聚性会带来组织上的惰性和相似的排斥性。因此，在一个高密集的封闭网络花费时间越多，则与其他外部的社会系统的联系时间越少（Kogut，et al.，1993），企业适应网络环境的过程是一个制度趋同的过程（吴结兵等，2008），在密度过高的网络内企业多有"随大流"的顺从行为而导致创新缺乏。

嵌入网络的企业比仅维持市场关系的企业拥有更多的机会，但这种积极效应存在一个转折点，即达到一定值后效应会减弱（Uzzi，1996，1997）。关于网络嵌入与创新绩效的关系研究存在两个论点。一方面是网络结点的直接联系数目、结构洞数目、间接合作伙伴数量与创新绩效正相关（Ahuja，2000），另一方面是企业的直接联系数目与创新绩效呈倒"U"形关系，但间接联系数目与企业创新绩效正相关（Vanhaverbeke，2004；Zaheer，2005）。

本章小结

根据以上政策分析与文献梳理发现，科创平台作为一种全新的技术创新合作模式，所拥有的资源优势，对有明确技术需求的企业以及亟待应用转化科技成果存量的技术权利人都具有吸引力，因此越来越多的主体通过关系嵌入和结构嵌入的形式参与进来，从而逐渐形成一种特有的网络形态，本书将之称为科创平台网络，并以此为研究对象开展了网络治理的研究。

产业的技术创新与升级是当前很多产业经济发展过程中面临的挑战与机遇，虽然科创平台的建设已有多年，相关的科技基础设施也得到了很大程度的完善，但现有关于科创平台网络的研究尚不成熟，缺少可应用于科创平台的网络创新治理实践的方法，而影响了科创平台的运行效率与效果。本书将紧扣科创平台运行中网络嵌入的特点，探讨科创平台的网络治理有效途径。

第三章

科创平台网络治理的理论综述

科创平台在网络嵌入环境下如何治理解决成果转化创新活动中遇到的一系列问题？在展开分析之前，有必要在进行大量文献阅读和逻辑思辨的基础上，对本书涉及的一些重要理论概念进行界定，并对相关研究成果进行系统性的梳理，包括：科创平台的界定与定位；网络治理的内涵、生成及框架及机制；成果转化的研究成果；资源整合能力等企业能力理论、分析维度以及网络嵌入的相关研究。

第一节　网络治理

一、网络治理内涵

治理概念源于微观企业为了提高组织运营效率而实施的一系列协调和控制的过程，所以一般认为公司治理是治理理论最先进行管理实践的领域，如今企业面对的外部环境日益网络化，影响企业发展的因素也越来越复杂多样，在面对复杂化、网络化的组织模式时，公司治理理论仍是治理理论体系不断完善的重要基础。

网络治理仍是公司治理的延伸(李维安,2014)，是在信息技术的支持下，将"规则制定、合则匹配以及问责处理"等治理要素从公司微观层面向复杂网络形状的发展，而且用于协调公司及利益相关者关系的正式和非正式制度在网络治理研究中仍可适用，只是转变为通过设计网络结点之间的合作制度与互动规则实现对网络结构、关系和成员行为策略的治理，提升网络决策效率，实现网络目标。国外学者以 Jones 为代表的学者从社会性视角切入，提出网络治理是"依据隐性契约或开放式契约为准则和标准开展复杂合作，在协调与维护网络合作与交易的同时适应外部复杂动态环境"。我国对网络治理概念界定具有权威代表性的学者包括李维安、林润辉、孙国强等，他们将网络治理界定为施加于网络资源所有者结构优化与制度设计所需要的手段与工具，以此通过自组织与他组织实现网络目标的过程（孙国强，2005）。可见，国内外学者对网络治理的概念界定仍存差异，主要体现在逻辑的侧重点上。国外学者侧重于网络治理本身的网络组织结构特征，强调网络关系的影响，而我国学者则强调网络是治理网络组织的重要工具。

网络是一个跨学科的概念，为更好地开展网络治理的研究，网络与治理的关系需要明确以下几点。第一，网络在经济学家眼中是一种治理工具，它是资源配置的方式，网络治理发挥的作用与市场和企业科层是一样的；第二，网络是治理的对象，这个语义中的网络是一种网络组织；第三，网络治理强调对网络系统与组织、网络关系进行治理的过程。创新网络中成员企业通过合作建立起联系，通过密切交流形成网络结构，从整体上看，企业间相互协同合作，存在一定程度的相互依赖性，从个体层面看，成员之间又保持着必要的独立性，以独立分散决策的形式通过市场交易的方式实现资源的配置，因此，此时的网络具有动态性、生产性和信息传递的高效性。因此，关于治理研究的领域得以不断扩展，发展出了公共治理、网络治理、供应链治理等新领域。

二、网络治理框架

如上文所述，网络治理的对象就是网络组织，因此，网络组织结构（以下简称网络结构）是进行网络治理框架设计的基础和理论依据，可以从纵向层次化和横化层次化两方面讨论网络治理框架。为了方便分析可以将网络结构从宏观、中观及微观划分为三个层次，即网络整体、网络结点关系及网络结点，也可进一步将网络治理划分为网络整体治理、结点关系治理及结点治理。其中网络整体治理包括环境适应性、组织模式、产业集聚效应等；结点关系治理则从网络结构特征指标，即关系强度、网络中心度、结构洞、网络密度等切入对网络结点之间的管理；结点治理则是最为具体的微观治理，包括主体行为策略、环境与效果等,从而形成三个相互独立的研究层次。

上述三个网络治理的层面分别基于整体视角、关系视角以及网络结点视角,其中作为宏观整体视角下的经济体系,对整体网络的治理无论主体还是手段在其面前都显得无从下手。在已有的实证研究领域中,众多学者选择中观层的网络关系作为关键要素研究网络治理效力问题,其中 Grannovetter(2014)将这一要素称之为"动态关系集",Newbert 和 Tornikoski(2013)将其界定为事件关系集,而 Larson(2011)则更加关注网络组织中的社会关系系统。我国学者党兴华和肖瑶(2015)在延续 Capaldo 和 Messeni(2011)网络治理研究框架中对核心要素界定的基础上,进一步强调中观层面的网络组织关系系统就是网络治理研究的突破口。网络的整体脉络呈现为关系,是成员结点在网络环境中进行行为策略以及成员结点之间进行交流互动的基础,因此,聚焦于网络关系的网络治理机制设计可以解决网络整体治理的难题。关系层是实现网络治理目标的路径要素,是网络整体与成员结点之间的承上启下的治理层级,将网络整体治理分析解构为网络关系的治理,确定了网络整体的治理目标层与网络关系的治理操作层的跨层次分析框架。

对网络治理系统化研究需要说明分析框架的横向层次化,这有利于细化研究要素并提高问题的针对性。在网络治理研究的横向分析中多遵循李维安等学者提出的理论分析框架,将目标、结构、机制、模式和绩效构成研究整体框架。目标是导向,结构是网络外显形态,机制则是网络治理的核心,模式是实现机制的途径,绩效是网络治理的目标和结果。

三、网络治理机制

网络治理机制的研究是经济学与社会学融合的过程,基于经济学的治理机制强调网络结点成员的合作对充分交流和管理架构的依赖,以实现协调关系和互动行为,而基于社会学理论则强调社会关系、信任、地位与声誉等因素在网络结点成员之间合作中发挥的作用。因此,契约机制可以规制、引导和协调网络合作的是一种经济手段,而信任、互惠的社会关系也是网络协作的重要手段,可见网络治理机制是运用一系列实现网络高效运行正式或非正式的宏观制度与微观策略集合,而且这个集合随着日趋复杂的组织模式、外部环境而丰富,因此在设计与实施网络治理机制的过程需要强调动态性。分析已有研究成果可知，网络治理机制是以网络绩效为目标的，说明网络绩效是一项重要的目标因素，也是设计并考核治理机制是否有效的切入点，同时网络治理机制旨在协调网络结点，形成对结点行为和网络资源配置的系统性规则，提升网络效率。这其中的系统性规划包括自组织过程中的契约式结构与假设情境中的非正式结构设计，即二分法依然适用于网络治理机制。

四、网络治理绩效

绩效是不同主体通过企业间业务互动交流而增加的价值总和，网络绩效不仅包含网络成员的发展，更需要包括网络整体的表现。网络治理效果在强调网络结点成员绩效提高的基础上，最终以实现网络组织整体绩效的提高，这其中包括创新成本降低、促进技术进步网、对区域经济的影响等方面的影响。

借鉴网络创新绩效的含义，其是指技术创新网络在一定环境中表现出来的创新活动效果，也是对网络创新目标达到程度的一种衡量（党兴华等，2014），这是由组织绩效中提出的"对目标实现程度的一种度量"的一种理论延伸。这一概念首次应用于网络联盟绩效时，认为是由网络主体绩效、协作绩效与互动关系质量所构成的非线性集（Lee et al.，2006），而基于种群生态理论认为网络绩效是不同市场主体在网络框架内，依据一系列协同形成互相依赖、资源补充共享、共担风险的交互关系所带来的价值的增量（刁晓纯等，2008）。目前，学术界对于网络绩效诠释的侧重点不同，但最终都聚焦于对网络效力与效率的综合评价，即网络成员共同遵守协议，以此实现网络自我运行。

网络价值核心既是治理的目标，也是网络绩效考核过程中需要测评的重点。就科创平台网络而言，成果转化效率核心价值，旨在通过资源集聚提升资源利用效率和技术转移共享提高技术成果应用转化成功率，最终全社会创新成果应用促进经济产业的转型升级。科创平台网络创新绩效则是科技成果转化活动在网络形态中的效果，应该是对科创平台对成果转化效率目标实现的一种考量。本书仍沿用"目标－基础－途径－结果"等关键因素之间的逻辑关系分析科创平台网络绩效。

已有的研究对创新网络绩效的测量是从以下几方面进行的，针对产学研创新网络中的产出主要以整体专利数增量(Senart et al.，2008)进行测量,也有从创新成果达到预期的程度来测量,具体可体现在合作满意度、产品创新成功率、年度专利申请数及创新产出的市值等,同时对于创新网络绩效的评价也需要对创新过程的管理效果进行测量,比如新产品开发速度和年度开发数量(Gopal et al.，2010)。谢永平等(2012)综合了研究成果,提出了网络创新绩效评价可以概括为网络创新过程效率、网络创新产出成果、各合作企业创新价值增加及其总和以及合作创新对企业商业成功的贡献这四个方面。

五、文献述评

现阶段多元化的创新网络研究主要来源于经济学、社会学和管理学的融合应用,很多运用线性关系研究网络要素、结构对网络结点行为与绩效的关系,但是企业经营活动与合作的网络化趋势,对网络治理机制研究将完善治理理论体系。对于创新网络治理的审视,不同视角就会有不同的结果。从经济视角审视,网络中的资源分布情况使权力也在网络结点间散置,此时具有简单、强制等特征的正式治理机制成为必然。但若从社会关系角度分析,结点之间的关系的发展与协调是网络绩效保障的重要制度安排(Li,2013)。从交易成本理论分析,网络治理机制的最佳选择就是契约,因为契约是可以有效配置资源的标准化交易模式(Dekker,2004),从社会理论分析,则认为经济学太过强调机会主义的假设,反而应是自我约束性的非正式治理机制更能影响网络结点行为(Faems et al.，2008),并且合约与规范等治理机制不是靠法律强制实施的,而需要社会机制的支持。可见,单靠单一理论很难阐释复杂的网络组织现象与行为,正如有学者指出创新网络治理研究中契约治理机制和关系治理机制缺一不可(白鸥等,2015),因此,如何整合运用好以上两种理论成为网络治理研究的重要命题(黄劲松等,2015)。

面对经济学和社会学角度的研究,也有学者试图搭建一个完整的网络治理框架,实现契约治理和关系治理的替代或互补,因此出现了一些具有悖论性的结果。一方面学者对两种治理机制互补设计,希望提高总的网络效力(Eyuboglu et al.，2007),另一方面有学者提出两种治理机制会相斥而抵消影响,从而破坏了整体效果(Wuyts et al.，2005)。面对这样的研究成果,本书认为任何一种机制体制的设计都无法简单去替代其他机制,而是应该立足在不同治理机制作用先验性研究的基础上,才能构建出真正有效的治理机制。

关于创新网络研究一般都是从整个网络和集群的视角研究,而没有从网络成员企业的角度来研究网络绩效。科创平台网络发展中明确了企业的核心地位,鼓励以企业市场需求为主导,明确网络发展重点,因此企业占据了科创平台的资金、技术、人才、信息等重要资源优势,企业的行为策略和能力发挥都对整个网络的运行具有协调、领导和控制作用(朱桂龙等,2003),而且大量研究也证明了网络中的核心企业在创新网络和战略网络中发挥的作用及影响(Shah S,2000;O,Shea et al.,2002;Stacy et al.,2006)。科创平台网络作为旨在科技成果转化产业化的网络组织,与一般创新网络一样属于介于市场组织和科层组织之间的网络组织,同样需要依靠核心企业提高平台网络的成果转化绩效。创新网络中核心企业通过合理且有效的任务和资源分配,组织成员企业之间的交流实现技术知识的流转,从而对网络创新绩效产生影响(Perks et al.,2011)。

综上所述,网络治理机制作用于网络结点成员,通过经济学视角下的契约机制和社会关系视角下的关系治理协调结点的行为策略,布局网络资源配置,保证网络整体绩效。因此,网络结点、网络绩效、契约机制和关系治理成为网络治理机制研究的重要因素。本书从平台资源关系协调的视角探究平台集聚的创新资源要素与成果转化绩效提升的影响和作用路径,以及网络嵌入环境特性对此内在机理的影响。通过建立多元回归方程进行实证验证模型假设,希望掌握科创平台网络提升成果转化绩效的内在规律,提高网络治理效率和绩效。

第二节　成果转化

一、科技成果转化的概念

从广义上讲,科技成果是一切科技活动产出的结果,包括研究开发活动、成果转化与应用、科技服务三大部分活动的结果。我国的法律、法规则从狭义上定义了科技成果,从 1978 年颁布的《国家科委关于科学技术研究成果的管理办法》到 1986 年出版的《现代科技管理词典》,再到 1987 年的《中华人民共和国国家科学技术委员会科学技术成果鉴定办法》,将科技成果分为科学理论成果、应用技术成果、软科学研究成果三类,这已成为我国科技成果统计工作中的分类标准。并且科技成果的内涵所具有的三方面特征也得到了较一致的认同,即科技成果是科学技术活动的产物、有一定的价值并且是经过认定的(贺德方,2011),因此,只要满足以上三个特征的即是科技成果。但是,在科技活动的实践中,不是所有的科技成果都能被转化,因此,在讨论科技成果转化的时候,需要明确在科技成果鉴定和转化工作中的特定目标,以免社会公众对相同名词在不同语境里的混淆。根据分别于1994年和1996年出台的《中华人民共和国科学技术成果鉴定办法》和《中华人民共和国促进科技成果转化法》,科技成果中的技术成果是可用于鉴定和转化的科技成果,而不包括科学理论成果和软科学成果。

科技成果有广义与狭义之分,因此科技成果转化的概念也可以从两个方面进行理解。广义的科技成果转化包含了从产生新知识到形成新的先进生产力这一创新链的全过程,此时的成果转化表现形式也较为丰富,既包括了基础研究获得的新知识、新理论的传播,也包括了中试、应用环节形成的新技术、新工艺的普及以及最终产品取得的经济效益,甚至可以表现为被政府组织机构采用的研究报告。而狭义的角度则只侧重于创新价值链的第二和第三阶段,即基础成果转化与应用技术,继而实现经济效益的转化过程。1996年的《中华人民共和国促进科技成果转化法》中将科技成果转化定义为提高生产力而对存量科技成果进行的后续试验、开发、应用、推广直至形成新技术、新工艺、新材料、新产品,发展新产业等活动。这里需要注意与科技成果应用、科技成果推广、科技成果商品化、科技成果产业化等相似概念的差异。

搜索国外文献发现,有众多与科技成果转化相近的术语,比如技术转移(technology transfer)、学术研究成果商业化(commercialization of academic research results)、公共资助研究和大学的商业化活动(commercialization of publicly-funded research and university)、大学与商业之间的技术转移(university to business technology transfer)等。这些术语从字面意义上看与科技成果转化有关,但在不同的语境中,术语的内涵与外延仍存在差异。首先,最常见"技术转移",经常被用来替代科技成果转化,但是从字面含义上理解,其主要强调的是"专用技术、技术知识从一个机构扩散到另一个机构",但也有将其等同于"技术的商业化"(technology commercialization),这仍在于强调技术有关的要素,比如知识、技巧、工艺、方法等在大学及研究所、生产领域、商业机构之间的转移,并旨在推动科技的进一步发展以开发新的产品、拓展新的应用,提供新的服务,实现科技更丰富的社会价值。由此可见,这类概念侧重于服务于创新的技术流转。由于在欧美国家,很多学术研究仍由大学承担,而且很多公共资助研究机构进行着大量的学术研究,因此"学术研究成果商业化""公共资助研究和大学商业化活动"等概念体现了 OECD 国家科技成果转化的内涵,也指出了在市场环境下追求商业利润的内在动力决定了商业化转化的行为。

科技成果主要由企业、大学和研究机构通过卓越而持久的努力获得,由企业取得的成果与由大学或研究机构取得的成果,其转化过程是存在差异的。对于企业来讲,其研发的使命在于市场,终极目标是实现市场价值和商业利润,因此,企业的研发最终都会在市场得到应用与推广,换言之,企业所有的研发都是从市场出发,难以在市场应用与推广的成果本身就不会在企业诞生,所以企业的成果不存在转化问题。因此,成果转化问题往往发生在大学与研究机构,其研究工作是基于自然科学的探索与发现,往往产出的是新知识,而新知识又无法直接被应用于市场以满足需求。这里需要指出的是,大学与研究机构还肩负着基础理论研究、人才培养等使命,这将会大大占用实现科研成果的社会经济价值的精力,因此,大学与研究机构的研究成果转化需要引入外界社会以及商业的资源,突破单纯依靠高校与研究所进行成果转化,这也是"公共资助研究商业化转化"的重点。

综上所述,科技成果转化不再是单一主体的任务,而是在一个开放的创新网络内引入社会资源,在多部门、多环节、多要素的共同作用下,进行研究、开发、试验、生产、营销等价值增值实践活动,实现科技成果商品化、产业化和社会化的全过程。

二、成果转化的理论研究

(一)成果转化的理论基础

创新理论由熊彼特提出后,科技成果转化的研究也随之发展,产生了包括国家创新系统(Freeman,1987;Nelson,1993)、三元模型(Sabato,1975)、知识生产模型(Gibbons,1994)、三螺旋理论(Etzkowitz,1995;Leydesdorff,1995)等研究方法,其中三螺旋理论的研究成果颇多,利用该理论,提出了"官产学"的成果转化模式以及后续发展的改进模型(段婕等,2011;Stylios et al.,2000),并在知识经济时代下,提出了"大学—产业—政府"三方密切合作、互相作用的三螺旋创新模式。抽象的科技成果转化为现实生产力是一个投入产出的过程,技术创新者、提供者、需求者和使用者都能在转化过程中获益(David Belmett,2002),从投入产出理论的供需关系角度研究成果转化得到较广泛的应用,这种理论研究框架强调成果转化过程中的投入产出比、有效需求与有效供给之间的匹配度(喻金田等,1997),才能保证整个转化过程中的相关利益者形成良好的合作与反馈关系,提高成果转化绩效(吴鼎福等,1992)。

创新扩散理论与科技成果转化两者具有本质上的相同点,前者以创新的传播和应用为核心思想,后者则是以创新成果形成的知识或技术等的市场应用和流转扩散为核心。因此,在创新扩散的理论基础上分析成果转化的影响因素以及因果关联性,考虑成果转化影响因素模糊性的特点提出了涵盖整个成果转化过程的成果转化评估体系(张慧颖等,2013)。以纵向视角对我国技术转移体系进行剖析,将转化过程分解为五个子系统(汪良兵等,2014)并应用复合系统协同模型测度了依附成果转化过程的技术转移体系的内部演化状态。

科技成果本身是知识的发现与创新活动的结果,当隐性知识(Polyani M,1958)第一次被提出,人们认识到创新活动是隐性知识与显性知识相互作用转化、螺旋上升的过程(Nonaka et al.,1995)。一项科技成果是包含了研发科技人员脑海里的隐性知识和以实物载体(比如文本、音频、示图等形式)为表现形式的显性知识的"加密"知识包,在研发与转化的不同阶段,隐性知识与显性知识的占比不断地发生着变化(郭英远,2015),而成果的市场应用需要更多占比的显性知识,这需要将隐藏在研发科技人员头脑中的隐性知识进行显性化转变,因此,从知识的视角分析成果转化则是注重激发科技人员实现隐性知识与显性知识的均衡转变。而且,科技成果转化过程中的环节众多,创新诉求各不相同,如何均衡参与各方的利益关系是科技成果转化成功与可持续发展的基本原则(刘希宋等,2008),因此,许多研究应用了博弈论,采用委托—代理模型、道德风险模型等模型论证了科技转化的复杂性(卢珊等,2011;杨新子等,2008)。基于委托代理模型分析科技成果转化验证了依托市场化的科技中介服务机构能够弥补科技成果提供方在市场上的信息劣势。

根据以上资料分析可知,目前关于转化成果的研究中缺乏具有整体观视角的理论研究框架,因此,本书选择创新价值链(Innovation Value Chain)视角探讨成果转化活动。创新价值链描述了一个从知识来源、知识转移和知识开发应用的递归过程,其中包括了三个关键环节:价值链开端,主要开展基础研究、应用研究等科学研究活动,形成科技成果;价值链的衔接部分,将科研成果进行应用性研发、市场转化,这是整个创新价值链非常重要的环节,犹如人体的神经元网络,将神经中枢的指令转化为身体的机能反应。而价值链的衔接则直接决定着基础研究产生新知识是否能够实现新产品生产与获益;价值链终端,科研成果转化完成投入市场。从链状的思路考虑,则一项科研活动完成了一个完整的递归过程,若从网络的视角分析,成果转化完成市场化行为后,意味着市场可以对成果转化后的效果进行评价,充分的市场反馈足以启动对原科技成果的应用性更新,则就开启了另一个创新价值链。从发现到科创成果,再到成果经济化、产业化的全过程中,是由一系列的互相独立又互相影响的创新活动组成的,活动的开展与进程就是一个科技研究价值不断增值的过程,是一个增值活动的集合体。

从创新价值链角度看,科技成果转化是非常重要的价值增值环节,并且价值链上各环节的链接效果的高低也直接影响着链内、链外的各种因素在价值链是否顺畅、高效运行,使价值链呈现出非线性和扁平化发展。

(二)转化绩效的测量研究

绩效是指企业或组织完成特定目标的程度,内容包括了效率、效能和企业以及组织成员的满意度。对于科技成果转化绩效评价,相关的研究从不同的角度进行了研究与应用,采用 DEA 模型(徐晨等,2010)进行绩效值排序,基于熵值综合评价模型从经济效益、社会效益、科技效益和环境效益对科技成果转化效率构成了评价指标体系(杨栩,2012),利用主成分分析法从社会、经济和科技三个方面的效应进行了相对评价(沈菊琴等,2009),采用网络层次分析法(刘威等,2008)、模糊评价法(阎为民等,2006)、模糊神经网络模型(王桂月等,2009)

分别建立了高校科技成果转化绩效的评价体系。目前研究中,有关科技成果转化绩效的测度各有侧重,但基本上是针对整条创新价值链的产品市场化程度或效果进行评价。比如,选择新产品产出、利润率、高科技企业的产出和技术市场交易额指标,采用最大似然方法提取 1 个因子,对科技成果转化的绩效进行表征(刘家树,2011)。科技成果转化是科技工作的一个重要方面,然而不仅该领域的研究尚未形成基本概念和指标的统一界定,而且缺乏统一的统计口径、核算标准和指标体系,更没有对成果转化绩效或效率的应用范畴进行细分分析,很容易影响对我国科技管理的客观、公正的认识,特别是对创新价值链不同阶段的成果应用与转化进行一刀切的评价,在进行国际比较分析时,往往会产生不客观、不准确的结果。例如经常会有一些关于我国科技成果转化率远低于发达国家的报道,这极易造成不良的社会公众误导。因此,迫切需要在明确科技成果转化基本概念的基础上,从创新价值链的视角,在特定的应用场景中明确内涵和指标体系,为客观评价创新活动提供技术方法支撑。

三、文献述评

利用"科技成果转化"为关键词进行篇名检索,对所获文献进行梳理,归纳出适用于区域、行业、企业、高校和项目的 5 种类型的科技成果转化绩效评价的主要指标,包括了产出指标和投入指标两类,另外包含了一项主要用于衡量高校的成果转化绩效的能力、潜力指标(唐五湘,2000)。在这几类常见的指标体系中,产出评价指标主要选择了反映技术转化所得新产品的市场销售、技术转让情况、技术开发完成情况等,投入指标则选用 R&D 人、财、物三方面的量化数值。以创新价值链的角度看,所选的投入与产出指标都是来自价值链终端的数据,体现了科技成果转化市场化的直接结果,这的确是衡量转化绩效的优质指标。

上海正在进行的创新功能型平台,以"推进研发与转化"为功能定位,突出了平台设计与建设中"推进"的辅助功能,即为某项或某领域的科技成果市场转化提供一系列指导与服务,包括"支撑产业链创新、支撑重大产品研发转化和服务创新创业,着力促进创新资源开放协同,降低创新创业成本",并且明确了"掌握有利于重大产品攻关的产业共性技术、工艺和标准;具备制定研发和转化的系统解决方案的能力;在相关行业有较高的地位和较强的号召力"(上海推进研发与转化功能型平台建设《实施意见》,2018),真正成为学术界与产业界的桥梁,科技成果转化的加速器,属于创新价值链的衔接阶段,因此对创新功能型平台的科技成果转化绩效与价值链终端新产品投入市场后的转化是不同的,前者侧重于大量投产或投市前利用平台的技术资源、服务支持等核心能力,将基础科研成果等存量完成中试,实现可转移的共性技术、工艺和标准,形成该技术领域中可复制的创新转化解决方案。因此,创新功能型平台的转化绩效无法直接用新产品的市场表现评价,而且,由于功能型平台属于创新价值链中间衔接阶段,尚未形成可被观测到的数据,难以用传统的一手数据进行评价。创新功能型平台的核心能力和功能定位体现的是平台发展中的软实力,平台内的企业可以更好地感受到这种实力,因此,直接从创新型平台内的企业采集的信息数据更能真实反映凭借平台是否可有利于成果转化绩效的提高。

第三节 关系协调

一、资源整合能力

(一)资源整合能力的理论基础

建立在企业内在成长理论基础上的企业能力理论成为战略管理重要基础理论,该理论结合了经济学理论和战略管理理论,主要对企业竞争优势的来源进行研究,并希望找到保持这种持续性优势的方法。企业能力理论兴起之前,管理科学领域,迈克尔·波特(Michael Porter)的竞争战略理论是战略管理理论的主流,其核心是"五种力量模型",即对现有企业间的竞争、顾客讨价还价能力、供应商讨价还价的能力、替代品的威胁、潜在进入者的威胁等五种力量,依据这五种力量的分析制定企业的竞争战略,并将"结构—行为—绩效"这一伟大的产业组织理论引入管理领域内,为战略管理的制定提供了可靠的经济学分析与指导。虽然波特的竞争战略理论取得巨大的成功,但仍存在一些缺陷。首先,竞争战略理论仍把企业视为一个"黑箱",缺乏以发展的眼光对企业的资源和能力进行分析,无法揭开企业发展的内在机理;其次,波特的理论以企业为最小的分析单元,但研究的重点仍是产业,比如产业的特性、发展趋势、产业间的力量比较等,而没有真正地以企业成长作为研究的切入点,而使理论在实践应用中缺少指导价值。为了克服波特竞争战略理论的缺陷,并将企业的成长机理作为研究落脚点的企业能力理论得到了长足的发展。

企业能力的概念最早源于彭罗斯在《企业增长理论》中的阐述,他提出了企业是"被一个行政管理框架协调并限定边界的资源集合体"(Penrose,1959),随后国内外学者不断地对企业能力的概念进行修改与调整,例如理查德森(Richardson,1972)对企业能力学说进行了企业内在增长理论的补充,强调了企业的学习过程;而 Grant(1991)总结了企业能力中资源、能力和智力资本这三个关键要素;我国学者在总结国外主要观点基础上,将企业能力归结为八大类(陈劲等,1999)以及十大类(王国顺,2006),也对企业能力进行了层次划分,包括了核心能力、辅助能力和潜在能力等方面的拓展。综上所述,从现有研究成果中可知,企业能力与资源有紧密的关系,企业对各种资源要素进行优化、组合、利用等活动共同构成了企业能力,具体体现在企业的生存力、发展力和竞争力,但最核心的仍是企业获取竞争优势的能力。

资源本身不具有生产能力,只有企业将资源以特定的生产目标进行整合、组合才能发挥作用,同时,企业的核心能力也随之形成了。可见企业通过从外部获得的资源,并在企业的经营管理运作中形成企业特有的能力,因此,资源与能力是相辅相成的,资源的获得与利用效果依赖企业能力。

综上所述,企业能力理论的主要观点归纳总结为:企业集合了各种能力;能力是企业分析角度的某基本单元;拥有、保持和发挥核心能力企业的长期战略。

(二)资源整合能力的概念界定

企业在发展中所需要资源是指能一切可能影响企业增值活动的要素,既包含了自然资源、物质资源和人力资源等传统资源,也包括了如知识(Anil K. et al.,2000)、信息和教育等新资源(吕立志,2001);既包含了企业易于掌握与利用的内部资源,也包含了不易获取的外部资源。资源整合是一个复杂的动态过程,企业对不同来源、层次、结构和内容的资源进行选择、吸收内化、融合利用,与原有的资源体系进行重构,迭代无价值的资源,最终形成新的核心资源体系的过程(Michael A. et al.,2001),并且这种资源整合的过程具有四大特征(马鸿佳,2008),即激活特征、动态特征、系统特征和增值特征,具体而言是指资源整合过程中应视企业所有的资源为整体进行系统性的优化运用,而且资源是可以被激活的,并产生新的资源,因此,资源内容、结构会因环境而发生变化,则对资源整合所需的具体方式、方法有不同的要求,故资源整合需要与环境的协调一致,避免整合过程中单项资源的简单相加,而应保障各类资源有机结合、协调发展。资源整合能力是企业对各类资源进行选择、激活、组合,这里整合的资源对象主要包括了将零散的个体资源进行系统化组织优化,并且在系统化后的资源能够激发组织个体的潜能,同时,利用传统资源构筑起来的企业发展基础,促进新兴资源的涌现,并与传统资源进行有效融合,提高资源整体的使用效率和效能。企业的资源整合能力对企业的内外部资源进行整合,还需要整合企业的横向资源和纵向资源,促进企业获取更丰富的非冗余性资源信息。

针对科创平台企业的资源整合策略是资源整合能力最佳表现,从战略管理层面的分析,企业对企业内部、科创平台网络内部以及功能型平台网络外部资源进行布局、组织、协调,整合成为企业自身以及平台网络内其他企业的科技成果转化创新活动提供支撑的知识与技术等新形态资源,从战术策略层面的分析,则需要以科技市场需求为导向,不偏离企业的发展战略,结合企业资源现状,从平台网络内外寻找企业的资源短板进行项目管理式的资源配置,提高企业核心竞争力和成果转化的成功率。

根据资源基础观和动态能力观,都强调了外界资源和自身的动态能力对企业竞争优势的重要性,企业的竞争优势来源于拥有的"有价值的、稀缺的、不可模仿和不可替代"的资源,而且静态的资源不能保证企业拥有持续的竞争优势,需要企业整合、构建、优化重组的能力,企业才能迅速回应市场的需求和快速变化,才能摆脱企业面对的资源约束窘境。因此,企业在提高拥有的战略资源的质量、数量和使用频率的努力进阶过程中,需要借助创新联盟形式的外部网络形状,获得资源的共享与互补。

企业为了提高创新绩效,不仅需要获取多样性的知识和资源,这可以来自企业外部的资源,也可以是来自企业内部的资源,但需要对这些资源进行整合才能提升企业的动态性能力(Wang and Ahmed ,2007),对其进行重新组合后将之成为能够被有效地吸收,并且最终转化为自身能够有效利用的知识(Gilsing et al.,2008),使企业发生质的变化,提高企业综合能力,而不仅仅是增加了资源数量。这就要求企业具有较强的资源整合能力。资源整合能力则被定义为能够基于识别自身所需的关键资源,从而更精确地从外界识别和获取到有利于重构自身核心资源体系的资源,包括知识、技能、关系等,并且基于实现平台的创新成果转化的共同目标,在平台内转移与共享重构资源的一系列能力。

(三)企业资源整合的维度分析

对于资源整合过程被许多学者划分为不同的子过程,其中包括企业的资源开发路径,包括识别资源、吸引资源、将个人资源转化为组织资源并加以利用,以此塑造企业自身的持续竞争优势(Brush,2001),也有专家以企业为边界,区分了其在资源整合中的内外部行为,将资源整合分为资源识别和资源利用两大过程(Ge & Dong,2009;马鸿佳,2010),前者主要是企业面向外部的行为,包括识别和获取资源,后者是企业将获取资源吸收内化的行为,对资源进行配置和使用。在资源整合过程中需要一种动态能力,其在企业整合、构建、再配置内外部资源,以及应对外部环境变化过程中发挥着重要作用(Teece,1997),这种观点认为能力也是一种资源。企业在不断获取、整合、配置和利用资源时在其所具有的资源整合能力引导下的组织行为,而资源整合能力是根植于整个资源整合过程中的(Catherine L,2007)。因此,企业在嵌入网络后,从网络中不断获取、吸收同化、利用资源的过程就是整合能力不断发展提高的过程,如果企业不能获取外部资源,无法将资源内化为创造力,失去了原有的以及预期的价值(Dawar, et al.,1999),则企业整合资源能力的基础变得不稳固了,并且随着企业市场适应力被削弱,其以资源整合能力为代表的动态能力也随着降低了(Garnsey et al.,2005),因此,资源整合过程对以资源整合能力为核心的企业动态能力的构建和拓展具有重要作用(董保宝等,2012)。

二、网络能力

(一)网络能力的内涵界定

网络能力,从字面意义上可得到最直观的理解就是一种网络化的能力,一种处理网络关系的能力,网络能力的概念由 Hankansson(1987)最早提出,他提出了网络能力包含两方面,一方面是指企业优化、巩固自身在网络位置和地位的能力,另一方面是指企业如何在战略及已有资源的指导下,有效地建立、管理、利用与合作者的关系的能力,表现为处理某个特定的单一网络关系的能力。在 Hankansson 提出网络能力的概念后,不少学者对其进行了研究,取得了丰富的研究成果。早期的网络能力研究以线性的合作关系为研究对象,如 Gulati(1999)对企业与供应商、消费者和竞争者之间的关系随着外部环境的变化而增强,这种关系的变化影响了企业获得竞争优势的类别、渠道等,从而影响企业的竞争方式的调整,基于此提出了网络能力是指企业在意识到与外部组织关系的重要性后,基于形势形成的发展和管理外部关系的能力,其核心是一种对关系采取管理行动的能力。之后,学者从多个切入点定义了网络能力的概念,具体见表 3 - 1。

表 3 - 1　网络能力内涵

网络能力内涵	学者代表
为获得竞争优势而形成的管理与利用伙伴关系的一种能力	Dyer 和 Singh,2000
本质是一种网络胜任力,是企业构建和使用企业间关系的能力	Ritter,1999
从竞合的视角看,在网络中的企业关系是一种竞争与合作共存的关系,则网络能力也应是竞争力和合作力辩证统一	王大洲,2001
从能力作用的视角,网络能力是企业的核心能力之一,是网络成员企业相互协调实现协同合作的驱动力,并有利于专用资产或隐性知识在网络内的转移	McEvily 和 Marcus,2005
是企业为获得竞争优势而形成、管理和利用社会和商业网络关系的能力	Walker et al.,2006
是获取、分享和传播应用在网络中的知识的能力	Heimeriks,2004
是与外部环境相适应的自组织能力整合系统,确保企业竞争优势的可持续性,由运营能力、提升能力和协控能力构成	郑胜华,2005

资料来源:在赵颖斯(2014)等基础上整理改编。

(二)网络能力的维度分析

对于网络能力的研究都是基于"网络是可以管理的"这一被普遍认同的前提,网络能力被提出后,分析和测度企业网络能力的研究过程中,一致认为网络能力是帮助企业获得竞争优势的核心能力,在对网络能力内容进行深入分析阐述基础上,国内外学者提出了多种维度的划分,如表3-2。

表3-2　网络能力构成维度

观点代表学者	网络能力构成	主要内容
Moller & Halinen, 1999	网络构想能力	战略层面的能力,具体表现为对网络发展趋势的判断,从而形成指导企业策略的能力
	网络管理能力	保持与发展企业自身网络位置与地位的能力;协调与利用网络伙伴关系的能力
	关系集合管理能力	对网络伙伴合作关系集合的筛选与协调
	关系管理能力	包括构建、运营、终止与某个伙伴关系的能力
Ritter,2002	资质条件	识别复杂外部网络的能力
	任务执行	有计划、有步骤通过与伙伴的联系实现网络结构的构建与维护
Hagedoom, Frankort and Letterie，2006	基于效率的网络能力	以网络资源开发与利用效率为目标,组织与运行网络
	基于中心性的网络能力	占据网络中心的企业能对网络内信息做出及时反馈,避免无效伙伴间的关系连接
徐金发、许强和王勇,2001	网络构想能力	识别网络中有利企业发展的机会、资源和能力
	网络关系组合能力	组合企业与伙伴形成的网络关系,获得依托网络的资源与能力
	网络角色管理能力	管理企业自身在网络中的角色以及职能要求的能力

（续表）

观点代表学者	网络能力构成	主要内容
方刚，2008	网络规划能力	这是一种企业的战略性能力，包括建立企业网络活动目标、制定行为计划、选择进入与退出的时机
	网络配置能力	企业在网络中位置以及与伙伴关系强度的调控能力
	网络运作能力	企业管理和利用与伙伴关系的能力
	网络占位能力	占据网络中心位置、控制网络结构洞的能力
刑小强、全允桓，2006	网络愿景能力	识别、判断和预测网络发展趋势的能力
	网络管理能力	控制和协调整体网络，获取优势网络地位，提高管理效率的能力
	组合管理能力	优化关系组合形态以及组织内资源的能力
	关系管理能力	通过筛选对象、建立联系，处理与组织之间的二元关系的能力

资料来源：在肖东坡（2014）的基础上整理改编。

除了以上归纳的关系网络能力的分类，还有把网络能力划分为三个维度，即网络导向、网络构建和网络管理（朱秀梅等，2010）；把网络能力划分为网络愿景能力、网络构建能力、关系管理能力和关系组合能力等四个维度（任胜刚，2010）。还有把网络能力划分为网络柔性决策能力、网络协控能力和网络运营能力三个维度（邓英，2009）。以上各种划分方法各有侧重，但其中 Möller 和 Halinen 的研究在实际操作过程中更易于理解及应用。

综上所述，本书基于目前对网络能力内涵与维度的分析，对现有研究成果进行了拓展和修正，并通过访谈该领域的专家学者和产业集聚网络形状中的创新企业的中高层管理者，提炼出企业具有网络能力的内涵，从企业网络能力的执行层面的任务与功能角度，总结网络能力的内涵为：一是网络能力来源于企业拥有的知识与资源，同时影响着企业通过网络中获得的非重复性资源以提高竞争优势的程度；二是由于网络随着时间与外部环境演化，具有动态性，因此，企业的网络能力也需具有演化动态性；三是网络能力通过企业在网络中一系列决策行为表现,企业网络管理活动体现着不同水平的网络能力;四是,企业需对网络内从二元关系到多元关系的管理,这体现了网络能力的层次性。基于以上对网络能力内涵的描述,本书认为企业网络能力表现为网络识别、网络构建、网络管理和网络利用等四个阶段的网络关系管理策略。

网络识别,指企业辨别和筛选外部网络资源和关系,并对网络的演变方向以及对市场和企业的影响进行预判。识别能力往往被认为是一种战略规划的能力,可以从全局观把握网络的价值和发展规律。网络识别具体表现为对所处网络资源分布和关系质量的评估,基于此企业对合作伙伴的选择和与合作伙伴关系的预测,即认为自身能成为其他企业的合作伙伴候选的程度,也即是企业对自身在网络中地位的评估能力。

网络构建,指企业在对网络、网络中其他企业以及自身较准确的评估基础上,通过重建联结、学习等方法调整和控制网络的活动。企业对网络有了清晰的评估与判断即会清楚自身想要从网络中获得的资源,进而对网络结构和关系的布局和贯彻。网络构建包括为企业积极接触与拥有与自身互补或自身缺乏的资源的合作者,调动各类资源与之建立有效联结,并且企业具备良好的网络信息共享的品质,在网络内经验、知识等传播与共享的过程中,与其他企业建立起健康的沟通渠道,为企业持续的网络构建能力建立良好的网络关系基础。

网络管理,指对网络关系的协调、维护和优化的能力,特别是对网络内单项关系的管理能力。首先需要管理企业之间的战略层面的交流,确保与合作者稳定性的能力;其次,在与合作者建立起基于信任和共享基础上的组织层面的交流,避免合作过程中的各种关系冲突,确保合作活动的顺利进行;然后,妥善处理个人层面的交流,掌握持续改善伙伴关系的方法和技巧。

网络利用,是企业进行网络管理的最终目标实现的重要环节,企业完成对网络资源的识别、网络关系的构建和管理后,通过优化各种网络关系,策略性地选择每个阶段的合作伙伴,合理利用网络关系获取知识、技术、信息等创新资源,并且掌握网络关系行为过程中的主导地位,最大程度发挥企业通过网络能力努力构造出来的网络结构优势。

三、文献述评

资源整合是一个复杂的动态过程,企业要将所能获得的资源真正地为企业发展所用,需要经过一系列的工作,包括对不同出处、不同内容、不同结构的资源进行筛选、识别、配置、利用并融入现在的企业资源体系,甚至有时需要摒弃原有的资源体系,构建出新的核心资源体系以适应新的环境。但对于科创平台网络的创新活动来讲,已经具备了外部的资源可交互、交流的条件,但是是否能够真正地利用这些外部资源,企业还需要权衡对资源识别、吸收和利用的意愿和能力(Arora et al.,1994;Cohen et al.,1990),只有当愿意做并且有能力做的时候,平台网络的资源协调利用才可能被建立起来,因此需要在科创平台网络中证实资源整合是一项企业在成果转化活动中必要的和必需的能力,以推动企业采取行为。

网络化是不可避免的趋势,所以企业除了要有关于技术、产品等竞争优势外,还需要在网络关系中挖掘和掌握科技发展的趋势,获得更多的非冗余的异质资源,如何管理和利用网络关系提高效率是需要企业去培育的能力。关于网络能力的研究,学者们从不同的角度进行了探讨,但对于以成果转化为目标的科创平台网络企业的网络能力的研究却是不多的。对现有创新网络的研究进行分析可知,目前的研究主要关注网络特征和嵌入性关系对创新绩效的影响,而往往忽略行为主体构建和利用创新网络的能力,导致无法开发、设计和构建合适的网络关系以提升创新绩效。因此,本书将从已有成果出发,根据科创平台网络的特征,对关系协调进行适应性的概念与范畴的调整,使之更能体现科创平台网络环境中企业所需要的资源整合和网络关系管理能力。

第四节　网络嵌入

一、网络嵌入的理论研究

Polanyi 在 1944 年就提出了嵌入性的概念,提出了"人类经济嵌入并缠结于经济与非经济的制度之中,将非经济的制度包括在内是极其重要的",但

Polanyi 关于嵌入性的观点无法解释"市场悖论"问题,而且只是理论层面的论述,而不具备在实证研究中的可操作性。在此研究的基础上,Granovetter 运用社会网络分析法丰富与拓展了 Polanyi 提出的概念,将网络嵌入研究推向了一个新的阶段。Granovetter 在《经济行为与社会结构:嵌入性问题》一文中,指出社会网络由嵌入社会结构的经济行为构成,这种网络的运行基于信任,并且这种信任源于社会网络,同时内嵌于社会网络。他还指出了任何社会中的经济活动在任何时代都是嵌入社会结构的,只是嵌入的程度有所不同。这一思想的提出为现代社会网络研究奠定了理论基础。据此提出了"嵌入性"的概念,即指在社会关系变更的模式中经济行为受行为个体之间的相关关系及其整个关系网络结构的影响(Granovetter,1992)。

在众多的网络嵌入性研究中,关于网络嵌入性或嵌入性的概念的界定,学者们都有自己独特的切入视角,因此,概念的描述都是不一致的,但并没有本质上的区别,其中 Granovetterr 对网络嵌入的界定最为被广泛认可并被广泛引用。表 3 - 3 对目前关于网络嵌入的研究中的经典的概念或内涵描述进行了简单的汇总。

表 3 - 3 网络嵌入性的概念描述

网络嵌入性的概念描述	作者
人们的经济行为嵌入于各种经济与非经济的制度安排中	Polanyi,1944
群组成员间通过讨论,交换而带来成员间稳定的连接关系,这种稳定的联系关系使行为人的决策受群组内其他行为人的影响	Marsden,1984
行为者的经济行为及其后果受其所嵌入具体的、当下的社会结构影响的方式	Granovetter,1985
二元关系以及整个关系网络对交易结果的影响方式	Granovetter,1992
企业与各类网络的关系及对其依赖性,并将嵌入性描绘为一种展现网络动态性的理论分析工具	Haliene and Tornroos,1998
嵌入是通过社会关系重塑经济行为的过程,通过社会结构、认识过程、制度安排及文化环境来研究经济和社会个体的行为机制	Uzzi,1996,1997

（续表）

网络嵌入性的概念描述	作者
在具有显著历史的群体内交易与讨论的事实,并且这种历史性使群体成员间的联结趋于惯例化、稳定化,作为社会关系结构的组成部分。行为者不仅仅对个体决定的利益做出反应,关系结构也会影响其群体成员	Gulati,1998
经济活动融入于社会关系模式的情境中	Dacin et al.,1999
经济行为受二元社会关系构成和整个网络社会关系的影响	Daysindhu,2002
嵌入性是组织间联结关系的核心内容,其导致了组织间的交易行为不再仅仅是经济行为,组织间的联结强度、资源共享、信任在组织间合作中至关重要	Dhanaraj,2004
嵌入性是企业网络理论中的一个重要概念,显示了企业在网络中的位置、地位及其与网络中其他企业之间的相互关系,这些属性决定了企业在网络中所能聚集、整合和配置的资源数量,进而影响了企业在网络中的行为与绩效	许冠南,2008
嵌入指企业通过与社会环境中的其他行为者合作以获得竞争优势	Figueiredo,2011

资料来源:以王辉(2014)为基础整理修改。

从表3-4可以看出,关于网络嵌入的概念的讨论主要集中在以下两方面:第一,网络嵌入行为对网络结构及企业间关系的影响(Granovetter,1985,1992;Gulati,1998;Dacin et al.,1999;Daysindhu,2002;Dhanaraj.2004);第二,网络嵌入对网络内主体经济行为与绩效的影响(Polanyi,1944;Marsden,1984;Uzzi,1996,1997;许冠南,2008;Figueiredo,2011)。虽然概念定义的讨论有这两个方面的分类,但是深入研究后则会发现,以上两方面是一种因果或递进的逻辑关系,正是因为企业的嵌入行为,或者是平台网络的嵌入性特征,使企业所处的网络组织形态发生了变化,包括结构、关系、共享、信任等方面发生了正向的、积极的变化,使企业在网络中获得更多的资源,从而提高了经济行为策略的专业性和有效性,提高了企业的各项绩效,因此,虽然现阶段都很关注网络嵌入特性对企业个体、对组织网络的影响,但仍没有统一的定义内涵,并不影响理论界和实践领域对网络嵌入的深入研究和实践。

Granovetter 的嵌入性研究是经济学、社会学和组织管理理论之间的桥梁（Uzzi，1997），成为以后网络嵌入相关领域研究的坚实基础，也涌现了一批卓越的学者。长期以来企业的行为与绩效研究多运用资源观理论，但是该理论局限于企业内部资源和能力的研究，却忽略了对企业极为重要的从外部网络获得的可利用资源（McEvily & Marcus，2005；Gnyawali & Madhavan，2001；Gulati，2007），因此，在对企业与组织进行绩效考核时需要考虑外部网络的嵌入性影响（Gulati，Nohria & Zaheer，2000）。

二、网络嵌入的分类讨论

通过网络嵌入性的概念研究分析，学者们都对网络嵌入性对个体企业和整体组织网络形态的影响是认可的，而且根据 Granovetterr 提出的"任何社会中的经济活动在任何时代都是嵌入社会结构的，只是嵌入的程度有所不同"的观点，接下来就需要在不同的网络嵌入结构视角下研究"嵌入程度"的方法。根据不同的研究内容视角，学者们提出了网络嵌入性的不同分类，本书就最具代表性几种分类进行分析总结，如表 3-4。

表 3-4 网络嵌入的分类视角

研究视角	网络嵌入性分类	嵌入性内涵	作者
网络总体与企业个体的视角	结构嵌入	描述了网络内企业之间联系的总体的结构性特征，通过网络位置、网络密度的测量对企业行为和绩效的影响进行分析	Goranovetter，1955，1992；Burt，1992；MeEviy 和 Zaheer，1999；Granovetter，1992；Uzzi，1997；Gulati，1998，1999
	关系嵌入	基于互惠预期而发生的网络参与者间相互联系的二元交易关系问题，强调了直接联结的作用；刻画了交易双方彼此对网络合作者的目标的重视程度，彼此间的信任、互惠、互动和共享的程度	

（续表）

研究视角	网络嵌入性分类	嵌入性内涵	作者
企业的社会情境视角	认知嵌入	经济行为受环境或原有意识形态的限制,并且不同的企业行为者会对周围环境产生不同的认知感受	Granovetter, 1985；Zukin 和 DiMaggio, 1990
	政治嵌入	经济行为受法律、政治体系、税收制度等社会结构因素和制度安排的约束,通过约束自身行为来适应企业所处的社会情况,并最终将社会情境中的制度安排嵌入到了社会和企业的行为结构中	
	文化嵌入	组织行为、组织结构及管理过程受社会建构体系中的组织价值观、共有的信念等社会文化的影响	
	结构嵌入	经济行为受网络结构和关系质量的影响和制约	
嵌入性的层次视角	环境嵌入性	各国经济、文化差异的国际宏观环境与不同产业特征的中宏观环境对企业行为的影响,以及不同产业环境也会对企业间的合作关系造成选择倾向性的影响	Hagedoom, 2006
	组织间嵌入性	通过各种历史的、现在的合作关系、直接或间接的网络所积累的关系经验对企业行为的能力的影响	
	双向嵌入性	两个行为主体间已有的合作关系、信任程度对企业间现有合作关系的稳定与持续的影响	
经济行为的内容视角	业务嵌入性	为适应外部合作伙伴,企业改变业务行为,反映了企业与外部合作伙伴的亲密程度	Andersson et al., 2002
	技术嵌入性	为适应外部合作伙伴,企业调整产品或工艺流程,反映了网络企业间在产品开发中的相互依赖程度	

（续表）

研究视角	网络嵌入性分类	嵌入性内涵	作者
网络内企业合作方式视角	弱联接	企业间以市场协议、许可及专利协议等具有较低承诺的资源合作行为,也称为距离型交易	Rowley, Behrens. and Krachardt, 2000; Levin 和 Cross, 2004
	强联接	企业间以联盟、合资、研发合作等具有较高承诺的共同投资的合作行为,会引导更多的知识交换	

资料来源:根据章威(2009)整理修改。

综合以上关于网络嵌入分析的不同分类,结合本书的科创平台的运作特点,科创平台内企业都以提高创新绩效为目标,而且若处于科创中心研发与转化功能型平台或者某些专业领域的科技园区,则企业所处的网络组织形态相同,都是在政府主导下,在与高校与科研院所的技术指导与共享基础上,开展的相同技术领域的应用型研发,因此,企业间形成的平台网络的政治、文化、组织、环境、技术与业务属性等方面都具有相似甚至相同的特点,在以网络嵌入视角研究网络特性对科创平台的创新绩效的影响时,本书选择了两大网络要素,即结构要素和关系要素,从结构嵌入和关系嵌入的视角进行分析研究。

三、网络嵌入与竞争优势

网络嵌入是一种战略性资源,对企业的能力与绩效产生影响,嵌入程度的差异会导致企业行为与绩效的差异。因此,企业的行为分析和绩效考核需要依据网络嵌入的测度。由于网络要素主要有结构要素和关系要素,对于嵌入性的研究主要基于以下两个视角:结构性嵌入和关系性嵌入。

结构性嵌入的主要观点是网络关系制约着经济行为,强调企业在网络中所处的位置、规模和网络的密度,由于网络整合布局的差异,以及企业网络位置的差异影响着获取资源的便利性,处于网络中心位置的结点往往具有获得更多的信息与资源的控制优势。结构性嵌入主要研究网络参与者之间相互联系形成的网络总体性结构,并且关注企业在网络中所拥有的结构位置,认为网络密度和网络位置影响企业的行为策略和绩效(Granovetter,1992；Uzzi，1996；Gulati，1998；Nahapiet & Ghoshal，1998；Rowley et al.，2000)。结构性嵌入研究的主要代表成果为结构洞理论(Burt，1992)，结构洞是指在社会网络中一个个体与其他个体存在直接联系，而其他个体之间不存在直接联系，这种无直接联系或联系间断的现象犹如网络中的洞穴。在结构洞中,将本无直接联系的双方连接起来的第三者可获得信息和控制优势(Burt，1992)，而企业依靠不断地开拓、占据结构洞,获得多方面的非重复性信息并且不断地改变网络结构,实现网络竞争力的提升。当参与企业组织在平台网络逐渐与多个伙伴形成并保持联盟关系的时候,就形成了一个联盟组合(alliance portfolio)，其中有两种典型的网络特征,网络地位和结构洞。高地位企业如果在联盟组合中建构结构洞,可以获取更多的信息和控制优势,这种网络高地位核心企业拥有的控制力会强化对低地位非核心企业的影响与控制(王伟光等,2015)，但同时可能损害自身的地位或绩效,故高地位企业会在一定条件下需要调整自己的网络结构嵌入的策略,以增加或减少结构洞的构建(张光曦,2013)。因此,网络内关键成员占据的关键地位所形成的结构洞保障自身的优势并可影响整个平台网络的资源配置效率(谢家平等,2017)。

在网络结构性嵌入的研究中除了网络密度维度外,还有一个网络位置维度。企业在网络中处于中心位置还是非中心位置会导致明显的企业绩效差异。处于网络中心位置的企业能从网络中获取更多的资源,因此,处于网络中心位置的企业往往是最具有创新能力、良好效益的(Tsai，2001)。

开放式网络中结构洞的存在使成员之间的联结关系产生了差异性,一些成员形成平台网络的信息与资源中心,而其他成员之间关系则存在亲疏之别,这使网络结构不均衡,呈现出不同的网络形态。不同的网络结构影响成员在复杂网络形态中的行为策略选择与绩效评价,因此在网络运行治理过程中需要采取包含了社会网络特征的分析方法与手段。

关系嵌入的概念源于 Granovetterr 提出的"联结"(Tie)的观点,他指出无论是人与人,还是组织与组织之间通过交流和接触形成一种实际存在的纽带联系,所作出的决策不是独立的人或单一的情境下完成的,而是在其他网络成员的多重影响下完成的。关系嵌入描述刻画了"交易双方对对方的需求和目标的重视程度,以及交易双方之间的相互信任、信赖和信息共享的程度"(Granovetter,1992),其中信任是关系嵌入的首要特征,是网络信息共享和共同解决问题的基础。网络内成员之间的信任关系可以降低交易成本,有效抑制机会主义行为的实施,而且基于信任的合作能够有效促进隐性知识的传递与共享,实现共同解决问题。Granovetter 引入了网络"力度"(strength),并更加关注关系强度、关系持久度及关系质量对网络内成员行为及合作绩效的影响。在肯定了强联结对企业创新绩效的积极作用的同时,也提出了强联结存在着容易导致成员之间的相似性,造成大量的冗余信息,对新知识转移与共享有不利影响,因此提出弱联结的概念。弱联结可以提供必要的异质性资源,有效地缓解强联结导致的同质性资源造成冗余的影响。关于关系强度提出了网络内企业间的直联结与弱联结并且利用互动频率、感情强度、亲密程度和互惠交换等指标对关系强度进行测量。

关于网络嵌入的研究越来越多的学者关注于嵌入性对于处于网络组织形态中的企业获取竞争优势的影响(Granovetter,1995;Gulati,1995a,1995b;Uzzi,1997),总结目前的研究结果可以发现,大多数在对网络嵌入性如何影响企业的竞争优势研究中,更多是从网络联结强度、持久度、稳定性等关系嵌入性的特征和以中心度、结构洞、规模、密度等代表的结构嵌入要素特征,研究嵌入性对企业竞争优势产生影响的内在机理。

四、文献述评

总结整理分析网络嵌入性与企业竞争优势的研究发现,目前的研究主要从企业绩效、创新绩效、知识/信息获取或转移等三方面考察了网络嵌入性对企业发展的影响。网络嵌入性对企业绩效的影响,主要采用了网络规模、伙伴多样性、网络密度、中心度、非冗余程度等结构嵌入性指标和嵌入型联结间距联结(Arm's-length ties)的关系嵌入性指标,研究得出了以下结论:网络规模和多样性正向影响了新创企业绩效(Baum et al.,2000),由于网络密度越高则越有利于企业间信任机制的形成和协作关系的维持(Coleman,1988),联结越是多样性,则企业在网络的位置越趋于中心(Powell et al.,1996),而非冗余程度高且企业地理分布较分散(McEvily & Zaheer,1999),网络内企业的嵌入型联结方式相比较于间距型嵌入联结拥有更高的市场生存率(Uzzi,1996),拥有以网络嵌入性特征的企业获得的资源越丰富且独特,更便于获得竞争优势,其企业绩效则越好。网络嵌入性对企业创新绩效的影响的研究,主要运用了结构洞、网络位置中心度、联结强度等结构嵌入与关系嵌入指标,发现网络嵌入对企业创新绩效的影响不再是单一的或正或负的结论,而更有分析与讨论的意义。学者们发现网络结构洞的数量可能不再只对企业创新绩效发生正向影响,也有可能会造成一些负向影响(Ahuja,2000;Obstfeld,2002),而这中间的转折点则非常具有研究价值,将对创新实践活动有重要的指导意义。企业的网络中心度对创新绩效有正向影响(Owen-Smith & Powell,2004),并且这种正向影响主要通过管理联结网络而非制度联结网络来实现(Bell,2005),而关于强弱联系的影响的讨论中,Romo 和 Schwartz(1995)提出了强联结可能使企业无法迅速调整资源,或被动地屏蔽了与外部网络更多的合作机会,因此会渐渐失去了竞争优势。

创新绩效的提升主要依靠获得更有价值的独特知识、技术资源,通过处理资源的动态能力来对企业创新绩效产生影响,因此,知识/信息获取与转移的效果对创新网络内企业的发展也是至关重要的。在网络嵌入性研究中的强联结和弱联结对知识获取和转移产生不同的影响,其中强联结适用于现有知识(Dyer & Nobeoka,2000)可以通过信任增加从网络伙伴中获得有用的知识数量(Levin & Cross,2004),不利于探索新知识,弱联结有助于搜索和发现有用的新知识,但转移复杂知识仍需要强联结(Hansen,1999;Reagans & McEvily,2003)。

本章小结

当前,网络治理的研究主要来源于经济学、社会学和管理学的融合应用。不同的研究视角会对网络治理机制提出不同的观点,如经济视角强调正式治理机制,而社会关系视角则强调关系治理。在对科创平台开展治理研究时则需要将治理要素从公司微观层面向复杂网络形态的发展,通过设计网络节点之间的合作制度与互动规则,实现对网络结构、关系和成员行为策略的治理,提升网络决策效率,实现网络目标。研究认为创新网络治理中契约治理机制和关系治理机制缺一不可,需综合运用两种机制来构建有效的治理体系。网络治理机制通过协调网络节点行为,布局网络资源配置,确保网络整体绩效。网络结点、网络绩效、契约机制和关系治理成为网络治理机制研究的重要因素,从平台资源关系协调的视角探究平台集聚的创新资源要素与成果转化绩效提升的影响和作用路径,提高网络治理效率和绩效。

第四章

科创平台网络的治理框架

本书的研究主题是科创平台网络治理,其中涉及平台运行特征、平台治理要素、平台发展策略等具体问题的讨论,这些领域尚无成熟的概念理论。本书采用了质性研究中的扎根理论方法,并结合系统分析中的结构模型,对 4 家上海的科创平台以及 3 位高校科技人员的深度访谈材料,并结合上海市人民政府新闻网所有关于科创平台的共计 135 份政策文件及通告资料,期望能够在科创平台网络治理研究的方法和理论上有所突破或创新。

第一节 扎根理论引入与设计

一、扎根理论方法的引入

扎根理论的方法最早由社会学家 Glaser 和 Strauss 于 1967 年提出的一种质性研究的方法(Glaser & Strauss, 1967),至今仍被广泛使用的研究范式。扎根理论不同于其他研究理论从假设入手在已有的理论中进行演绎和验证,它是从观察入手,结合实证主义和互动主义两种方法,基于数据的研究发展理论。该理论方法先围绕某一问题进行资源的收集与整理,然后对资源进行系统性的编码(coding)的程序推进,不断地进行归纳、反思和比较,把资料分解、概念化,然后再以一个崭新方式把概念重新组合。可见,扎根理论的编码目的不仅在由资料中摘取议题(themes),或由几个组织松散的概念中发展出一个描述性的理论性架构(a descriptive theoretical framework),而是在于研究者可以通过编码对资料的重新整合建立接近实际世界、内容丰富、统合完整、具解释力的理论,并揭示一定的因果关系。这种研究过程和结果可以贴切地说明所研究的问题,并且能够被同领域的人理解和接受(王璐等,2010)。从本质上讲,扎根理论主要依靠资料,用一套系统性操作自下而上建立理论的方法(Martin & Turner,1986),整个过程是对资料反复比较且深入剖析,建立和发展能忠实反映社会现象的理论,这些理论日后有可能成为此类现象的社会行动纲领。

扎根理论方法应用需要的资料可以源于调研访谈等一手资源,也可以来源于政策文件、新闻报道等二手资源。文字话语在反映一个"有结构和规律的整体世界"的同时又可以构造出一个"所描述的世界"(Foucault,1984),因此政策文件是一种重要的扎根理论素材来源。通过对政策文件的解读分析也能整理出一个潜藏世界的线索。政策文件是一种特定的话语形式,代表着政府组织部门或者是社会主要执行机构对某些政策的理解,并且在相关行动中贯彻。因此,本书认为科创平台的相关政策文件作为标准的官方话语体系可以从中挖掘出政府组织对科创平台的认知,也将科创平台相关的政策文件作为扎根理论素材的重要来源之一。

二、扎根理论方法的设计

(一)理论抽样与访谈活动安排

为了更好地契合研究主题,达到因素挖掘的目的,本书运用以下标准来筛选访谈对象:第一,对象的典型性。鉴于本书要提炼科创平台的创新绩效治理,特别是成果转化方面治理的影响因素,因此所选择的对象首先必须是具有典型代表性的科创平台,是否属于重视成果转化的研发与转化功能型平台,是否拥有民用科技创新成果应用的科创平台;其次,科创平台必须要有实体经济,有一定的规模和社会影响力,具有提升成果转化绩效的迫切性。第二,资料的多样性和代表性。为了更好收集到更全面的科创平台素材以确保后续研究工作的客观性,挖掘出更贴近实际的科创平台治理因素,因此在选择访谈对象时既要考虑尽量多地选择不同的技术领域以及科创平台类型,在保证科创平台之间的共通性时,还需在可行范围内兼顾资料来源的代表性,比如选择不同时期的典型高新科技园区。同时,需要跳出科创平台的思维限制,走进高校去听听科研工作者对于科创平台治理的看法。第三,访谈过程的完整性。在选择访谈对象时要确保可以采访到科创平台的主要负责人至少一人,其必须参与科创平台从初创至今的发展过程,同时可以提供较为具体翔实的资料,以保证研究获得丰富的原始素材,并且项目组可以获得受访人的联系方式并取得研究过程中多轮访谈的许可,为后续的归类检验提供保障。根据以上标准选择了 4 个科创平台、1 所高校以及 1 家相关政府机构。

(二)调研过程与访谈对象

1. 访谈提纲准备

在正式访谈之前,项目组周全地设计了涉及科创平台负责人、高校科研工作者和相关政府机构官员等多个层次的访谈框架及主要问题。在采访科创平台主要负责人时主要集中在对科创平台初创时的回顾和重大事件的描述、平台运行中遇到的问题和困难、现行政策的支持、科创平台发展最需要得到的助力以及对未来的展望;针对高校教师的访谈主要集中于对于成果转化活动的困难以及对于科创平台有助于成果转化的具体期望和治理思考;针对政府组织官员的访谈主要集中在对科创平台政策文件的解读以及结合平台发展对政策落地效果的分析等。在访谈过程中主要采用半结构化的访谈方式,由项目组选定的访谈主持人根据事先拟定的访谈框架控制节奏、把握访谈脉络,访谈过程中尽量保持轻松聊天式的访谈氛围。

2. 数据收集

为了保证扎根理论方法应用时有丰富多样的素材支撑,并且形成良好的数据之间的相互佐证,以保证研究的信度和效度,项目组从以下几个方面收集了相关素材。

(1)二手资料。项目组使用 Python 语言调用 request,lxml 组件编写了网络爬虫,为避免无效的消息,选取上海市政府新闻发布网为起点,共获得有关"科创中心""功能型平台""创新体系""成果转化示范区""创新创业"等政策文件、政府通告相关文章共 135 篇,共计字数约 5 万字。

(2)半结构化访谈。开展实地调研访谈是本书收集资料的重要方法,访谈活动主要集中在 2018 年 12 月至 2019 年 1 月期间开展,根据前文所述对于访谈对象的条件标准,选择了上海石墨烯功能型平台、临港科技城、紫竹高新区、张江国家自主创新示范区漕河泾分园等 4 个科创平台的中高层领导,上海工程技术大学的技术转化应用科研专家团队以及某区科委主任进行了共计 7 次正式的深入访谈(其中石墨烯功能型平台进行了两次)和 3 次的补充访谈,其中补充访谈分别发生在扎根理论编码过程中,小组成员无法完成对访谈内容进行精确分析和归类检验时,采用微信和电话的方式进行访谈。正式访谈每次用时少则 90 分钟,多则 120 分钟。并且在征得受访者同意的情况下对访谈过程进行了录音,结束后对录音材料进行整理、校对并转成文字资料共计近 10 万字。

(3)现场观察。在对科创平台和高校进行调研访谈时,通过参观科创平台的技术与成果展厅、操作车间、共享设备、实验室以及数据化成果展示视频等,直观地了解了该单位的科创平台治理的情况以及高校科技产业化的成果。

(三)数据编码过程设计

本书的扎根理论进行了三轮编码归类工作。第一轮归类主要是对 15 万字的素材进行初始编码和归类,完成了开放式编码工作中的概念化和范畴化工作,初步形成研究问题的主范畴类别。第二轮归类是在第一轮归类的基础上,对资料素材再次进行细归类,得到研究问题主范畴的优化结果,以验证并修正第一轮归类工作的结果。这两轮归类工作中,第一轮编码工作由 1 名创新网络专家、1 名质性研究专家、1 名科创领域的政府官员以及 2 名科技创新研究方向的博士研究生组成的编码小组讨论完成;第二轮则另外邀请了 6 名创新研究领域的学者,分成三组对素材进行独立归类,此时会出现三种归类结果:①完全相同,即 3 组人员均将某一标签归入相同的类别中(主范畴)中;②两组相同,即 3 组人员中有 2 组对某一标签归类相同;③完全不同,即 3 组人员对某一标签分别归入不同的分类(主范畴)中。第三轮则是对第二轮归类结果进行信度检验。过程如图 4-1 所示。

第二节　数据编码与检验

一、开放式编码

根据扎根理论方法,分析步骤包括开放性编码、主轴编码与选择性编码,整个研究严格遵循扎根理论范畴归类和模型构建的步骤,对所收集的素材资料进

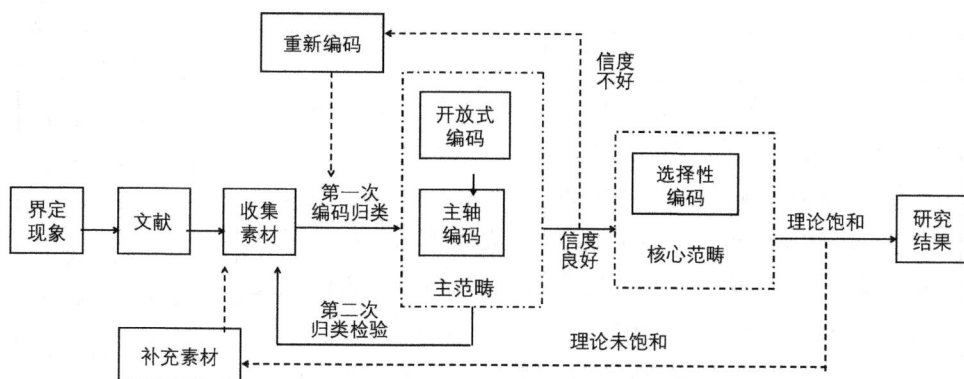

图 4 - 1　数据编码过程示意图

行了概念化和范畴化(王扬眉,2019)。若小组在编码过程中遇到的争议,在充分讨论论证的基础上,多次对调研访谈资料来源进行补充调研,避免编码者主观意见对编码结果的影响,严格保证过程的客观性。

根据扎根理论方法,分析步骤包括开放性编码、主轴编码与选择性编码。开放性编码是整个编码过程的第一步,是开展扎根研究的基础,主要是对资料进行概念化和范畴化归纳的过程。本书对政策文件和访谈记录文件进行分解编码,共得 180 个标签,以"c+阿拉伯数字"表示,贴标签过程如表 4 - 1 所示。

表 4 - 1　开放性编码示例

政策文件等资料节选	编码
为推动智能制造中心建设落到实处,提出以下六个方面 24 条行动措施。 　　第一个方面,着力构建智能制造服务平台,逐步形成全产业链的智能协作(c004)。要构建科研支撑、共性技术、协同创新、数据信息、孵化转化五大平台,为智能制造企业主体提供全方位和全过程的创新服务(c008)。其中,科研支撑平台方面,将依托上海在智能制造领域的产业、科技、人才优势,整合高等院校、科研机构、骨干企业和国际化资源,组建上海智能制造研究院,为上海发展智能制造提供技术支撑和智力支持(c006);共性技术平台方面,重点是在民用	c004:平台服务定位,实现全产业链协作; c008:平台提供技术、合作、信息等方面的服务; c006:平台提供技术及人才资源支持;

（续表）

政策文件等资料节选	编码
航空发动机、机器人、新能源、海工装备等领域，牵头创建一批国家级工程技术研发中心，并积极搭建智能制造标准化与检测验证平台，率先形成智能制造领域权威标准、行业规范和检测认证体系（c071）；协同创新平台方面，重点是推动成立跨领域的智能制造创新联盟和专家顾问团队，联合产业链上下游企业和研究机构，搭建政、产、学、研、用、金"六位一体"创新平台（c100）；数据信息平台方面，重点是建立智能制造大数据中心，依托中移动 IDC 数据中心、骨干制造企业、信息化服务商、重点科研机构，在若干领域加快构建具有全球智能制造资源整合和创新能力的专业服务云平台，推动大数据跨领域、跨平台集成应用（c003）；孵化转化平台方面，是要建设一批众创空间、孵化实验室、技术交换中心，逐步形成"创业苗圃＋孵化器＋加速器"的全产业链培育模式（c049）。 　　第二个方面，着力推动智能制造产业发展，不断增强产业引领力和核心竞争力。这其中将重点做好五个方面工作：一是发展智能制造技术和产品，瞄准世界科技前沿，结合临港基础优势，重点发展机器人、民用航空、数控加工、增材制造、集成电路及专用装备、海洋工程装备、新能源汽车等重大装备和重点产品，实现关键核心材料、工艺和技术的重大突破（c037）；二是发展智能制造系统集成和应用服务，培育引进一批具备整体设计能力和解决方案提供能力的智能制造系统服务集成商（c040），推动无线射频识别、智能传感器、信息物理融合系统等关键技术在企业研发设计、生产制造、经营管理、销售服务等全流程和全产业链的综合集成应用，支撑企业实现产品、装备、服务及生产方式的智能化（c049）；三是推动传统制造智能化改造，建设一批智能工厂/数字化车间，支持鼓励中航商发、上海电气、上海汽车、中船三井、三一集团、外高桥海工等骨干企业成为智能制造引擎企业，率先开展装备智能化升级、工艺流程改造、基础数据共享等试点应用（c037）；四是规划建设智能制造专业园区，围绕智能制造重点方向和关键领域，推动集成电路及专用装备、民用航空、再制造、光电子、微电子、德国工业 4.0 等一批专业园区建设，打造	c071：制定共性技术标准，提供检测服务； c100：加强企业与科研团队合作，实现技术与市场的对接； c003：平台集聚创新要素； c049：全产业链协同培育，加强产业链伙伴关系； c037：推进技术在重点产业的转化与应用，培育重点企业； c040：依靠企业推动产业技术的升级应用； c038：构建平台的产业集聚及示范效应； c078：平台提供专业技术的设计和解决方案； c005：推动跨界合作；

（续表）

政策文件等资料节选	编码
智能制造集聚示范区（c038）；五是培育发展智能制造服务业，加快发展技术转移、知识产权、科技咨询、电子商务、融资租赁等专业服务，鼓励制造企业增加服务环节投入，发展个性化定制、全生命周期管理、网络精准营销和在线支持服务等新模式（c078）。 　　第三个方面，着力构建智能制造跨界合作体系，积极融入全球化产业发展网络。重点是推动完善智能制造跨界资源配置、联合研发、技术转移、成果转化机制（c005）。其中也有五方面工作：一是加强智能制造产业双向合作，鼓励跨国公司、海外机构等在临港地区设立智能制造研发平台、培训中心，建设智能制造示范工厂，同时支持推动临港地区符合条件的智能制造企业拓展国际市场，并购具有研发实力、核心技术的智能制造企业（c042）；二是形成智能制造研究创新全球网络，加强与德、美、日等发达国家合作，对接德国科学院、弗莱恩霍夫协会，建立国际智能制造技术研究中心，推动共性技术海外专利交易和成果转化。依托自由贸易试验区制度创新，鼓励制造企业开展跨境研发（c005）；三是促进智能制造技术国际交流合作，一方面是依托德国技术中心联合会、国家东部技术转移中心等单位，建设智能制造国际技术展示交易中心，打造全球智能制造技术集聚、交易、扩散、推广平台（c086）。另一方面，要依托德国在职业教育方面的特色优势，建设集职业技能培训、鉴定、服务于一体的智能制造技术实训基地（c075）；四是构建智能制造智力集聚交流平台，吸引智能制造领域的国际性组织、思想库、论坛机制落户，筹办智能制造国际会议、学术论坛、专业沙龙等，汇集全球智能制造领域顶尖人才、创新团队到临港开展学术交流、技术研讨、项目共建（c053）；五是加强智能制造研究孵化，推动上海高校、研究机构与国际知名大学共建智能制造特色学院、联合实验室、专业孵化器、协同创新中心，在全球范围内寻求智能制造产学研合作伙伴（c005）。 　　第四个方面，着力强化智能制造人才保障，推动建设国际化人才高地。人才是第一资源，临港智能制造中心建设离不开人才支撑（c062）。为此，以环境建设和机制创新为突破口，重点做好三项工作：	c042：鼓励有实力的企业全球创新合作； c086：实现技术转移与交易； c075：平台的技能培训功能； c053：平台汇集人才； c062：人才要素是成果转化的重要保障； c057：人才政策吸引人； c056：与企业联合培养人才； c112：完善的科创环境； c020：创新金融服务，保障成果转化活动的资金投入；

政策文件等资料节选	编码
一是实施更加精准灵活的人才政策。结合正在制定的临港地区"双特"政策2.0版,积极推动科技创新中心有关人才政策在智能制造领域先行先试。同时依托居住证加分、居转户、直接落户等制度,实施更加开放的人才引进政策(c057);二是形成更多层次的人才体系,以重大项目、产业联盟为载体,引进一批智能制造领域国际一流的领军人才和创新团队,同时加大本土智能制造人才培养力度,支持智能制造龙头企业与行业协会、高等院校、科研院所合作建立智能制造实训基地(c056);三是营造更加舒适便捷的生活环境,包括建设一批高品质的服务设施和生态住宅,引进一批国际高端医疗机构、教育机构、保险机构,提供柔性化公共服务等,来满足人才多层次的生活需求(c112)。 　　第五个方面,着力加强智能制造金融支持,建立完善多元化创新投资体系。以金融服务打通智能制造企业发展瓶颈,通过转变财政资金投入模式、建立多元化投融资体系、加强金融服务支持等有效手段,强化科技金融对智能制造全创新链的参与支撑,为智能制造发展奠定基础(c020)。将重点做好:发起设立上海智能制造产业投资基金,发挥财政资金杠杆放大效应,支持智能制造产业发展;推动建立风险分担机制,鼓励融资担保公司为智能制造企业贷款提供担保,推动降低中小企业的融资成本(c106);推动国家开发银行、中国进出口银行等政策性银行支持临港地区智能制造企业开展国际合作业务,推动企业"走出去";完善智能制造企业上市融资服务机制,支持龙头企业与互联网企业、系统集成企业、工业软件企业加强相互持股、收购兼并等资本层面的实质性合作(c027)。 　　第六个方面,着力做好服务保障,营造良好的发展环境。重点是加强政府服务创新和基础设施建设,营造有利于智能制造发展的创新生态环境。一是建立灵活高效的实施机制,成立市级层面的智能制造中心建设领导小组,统筹决策智能制造中心规划布局、政策落地等重大事项;二是推动政府管理创新,探索成立智能制造企业专业服务机构,打造高效、便捷的更贴近企业需求的专业服务平台,	c106:完善风险分担机制,降低企业创新成本; c027:鼓励资本运作;

（续表）

政策文件等资料节选	编码
建立与国际通行规则接轨的政府服务方式;三是实施"互联网＋智能制造"行动计划,推进城市光纤网、移动通信网和无线局域网等信息基础设施建设,推动智能技术在城市交通、能源保障、公共安全、教育医疗、政务服务等领域的示范运用(c122)。 　　……	c122:政策配套,政府职能转变

　　经过贴标签并从中挖掘初始概念,共得到 180 个概念标签,从中总结出 66 个概念,进一步针对已提炼出的概念进行比较和归纳总结,将有些具有逻辑关系的概念整理在一起,完成概念范畴化的工作,最终得到了 24 个范畴。至此完成了一个资料分解、检验、比较、概念化和范畴化的过程,如表 4-2 所示。

表 4-2　开放性编码数据结构

概念化	范畴化	生成维度
区域合作动力	合作创新动力	创新需求
国际合作动力		
跨界合作动力		
成果丰富	科技成果存量	
时效性保护		
平台技术标准	平台服务	业务创新
平台检测服务		
设备共享服务		
中介事务服务		
融资创新	金融创新	
技术入股		
共性技术攻关	创新技术	
技术支持		
参数标准更新		
披露科技成果		

（续表）

概念化	范畴化	生成维度
业务联系	信息交流	资源集聚
知识转移		
财政支持	资金资源	
税收优惠		
创新用人机制	人才汇集	
人才落户		
搜寻科技人才		
吸引科技人才		
共性技术攻关	技术储备	
技术资源输出		
技术转移共享		
战略性新兴产业	产业升级	平台发展策略
扶持重点产业		
技术主导产业		
类别与功能	一台一策	
差异发展		
协同创新	平台网络化	关系协调
合作转化		
资源整合	资源协调	
资源配置		
创新合作	协同合作	
高校对接企业		
技术对接市场		
创新考核	转化效率	成果转化绩效
转化效率		
创新评价改革		
盈利能力	可持续性	
反哺创新机制		

（续表）

概念化	范畴化	生成维度
投资不确定	风险分担	契约设计
创新不确定		
利益驱动	收益分配	
合作共赢		
发展重点企业	网络中心度	平台网络结构
重点企业主导		
合作伙伴众多		
信息枢纽		
直接联系	网络结构洞	
间接联系		
信息聚积		
规模扩张	关系强度	
合作频次		
互相信任		
创新氛围	激励成果转化	科创政策
个人技术参股		
政府宣传	示范与引导	
市场导向		
技术担保	体制机制创新	
贡献有偿		
打破壁垒		

二、主轴编码

在经过以上开放性译码后,基本上得到了数组具体的、相当于具有操作性定义的概念与范畴,接下来就需要分析这些范畴之间的关系和脉络,期望在这些范畴之间建立起有意义的联系。此时采用扎根理论中经典的译码典范,即借所分析现象的因果条件、现象、脉络、行动/互动的策略和结果,把范畴之间联系起来,于是资料又被组合到一起的过程。在主轴编码的过程中发现开放式编码获得的 24 个范畴之间仍存在一定的内在逻辑联系,因此,根据不同范畴之间的联系归纳出了 9 个主范畴。各个主范畴的概念或范畴来源以及内涵释义见表 4-3。

表 4-3 开放编码数据结构

维度 (主范畴)	对应副范畴	维度的内涵
创新需求	合作创新动机	为更快更多地获得科技红利,企业都有与高校、企业及平台进行创新合作的动机与意愿
	科技成果存量	近几年,对科技创新的重视以及丰富的资源投入带来了大量科技成果产出,市场上蕴藏了大量的成果转化创新需求
科创政策	激励成果转化	政府通过颁布文件,鼓励科技工作者以技术参股进行成果转化,培育良好的社会创新氛围
	示范与引导	通过政策导向,政府主动转变职能,坚持创新的市场导向,充分发挥宣传示范效应
	体制机制创新	优惠的财务税收政策,便捷的用人机制,为成果转化合作提供便捷
关系协调	平台网络化	平台成员就共性技术开展创新合作,高校对接企业进行成果转化,成员之间形成网络化关系
	资源协调	平台成员需要具有在网络化环境中进行资源配置与优化的能力
	协同合作	依靠单一力量无法完成成果转化,需要技术对接市场,高校与企业开展紧密的创新协同合作
资源集聚	信息交流	平台成员在协同创新合作中转移共享知识,推动了信息交流
	资金资源	依托财政支持、税收优惠,提高资金使用自主性,保障资金投入
	人才汇集	创新用人机制,提供人才落户绿色通道,搜寻、吸引并留住科技人才
	技术储备	平台作为先进技术输出的媒介,组织力量进行共性技术攻关,并推动技术转移共享,不断提高平台的技术转化能力

（续表）

维度 （主范畴）	对应副范畴	维度的内涵
契约设计	风险分担	科技创新是一项不确定性事件,成果是否能成功转化为经济效益不确定,投资成本和期限也不确定,合作分担成本与风险有助于抵御以上不确定
	收益分配	合作是为了收获更多确定性的利润,合理的收益分配可保障合作共赢
平台网络结构	网络中心度	根据技术特点发展有潜力的企业,由其主导平台技术转化应用合作,聚集众多合作伙伴,从而形成创新信息枢纽
	网络结构洞	平台某些成员将没有直接联系的两个甚至更多成员联系起来,在整体的信息流转中呈现出"洞穴"的架空现象,从而形成了资源和控制优势
	关系强度	平台在不断规模扩张的过程中,成员合作交往互动的频次有多有少,双方建立起程度不一的互相信任关系,从而形成了该平台特有的关系强度
业务创新	平台服务	平台制定技术标准,提供检测服务、设备共享服务、中介事务等服务
	金融创新	平台不断实践金融工具创新,开拓融资业务,鼓励科创单及技术人员技术入股
	创新技术	平台组织资源开展共性技术攻关,为成员提供技术支持,更新技术参数标准,披露科技成果
成果转化绩效	转化效率	注重并不断创新平台成果转化考核体系,加强转化效率的考量
	可持续性	加强平台成果转化的经济收益,提高平台自主盈利能力,逐渐形成成果转化收益反哺创新的可持续发展机制

（续表）

维度 （主范畴）	对应副范畴	维度的内涵
平台发展策略	产业升级	平台发展助推产业转型升级,技术优先应用于战略性新兴产业,扶持重点产业,平台技术发展影响产业发展形态
	一台一策	对平台进行分类,根据不同的功能与类别,制定"一台一策"的差异化发展策略

三、归类检验

由编码小组完成了第一轮的开放式编码和主轴编码工作后,共得到 180 个标签。针对这 180 个标签,概括提炼出 66 个概念化标签和 24 个范畴化标签。接着对 24 个范畴化标签进行概念层次的合并讨论,应用了典范模型形成了 9 个主范畴,分别是创新需求、科创政策、关系协调、资源集聚、契约设计、平台网络结构、业务创新、成果转化绩效和平台发展策略。

第二轮归类工作中,共有 6 名评判人员分成三组对 66 个概念化标签按照 9 个主范畴再次进行细归类。在这个过程中,3 组共 6 名工作者中 4 人为本校在读博士研究生,1 人为本校博士生导师,1 人为挂职于区政府职能部门的同研究领域的高校教师,他们分成 3 组对以上评判细致归类进行背靠背式工作,整个过程完全独立完成分类,互不讨论沟通。第二轮归类中一致性很高,66 个概念化标签中只有 5 个的归类三个组是完全不同的,其余的 61 个标签中 49 个标签是三个组的分类完全相同,则直接归类,有 12 条是两组归类相同,有一组归类不同,则根据"少数服从多数原则"进行了归类。为了提高准确性,针对三组归类结果完全不同的 5 个概念化标签进行了充分的讨论,在有必要时进行了外部专家的咨询,最终将不一致归属的标签归入相应的类别。经讨论,三个组归类完全不同的 5 个概念标签中有 1 个归入了关系协调,1 个归入了契约设计,1 个归入了平台网络结构,1 个归入了成果转化绩效,1 个归入科创政策。第二轮归类的一致性结果如表 4-4 所示。

表 4-4　第二轮归类的一致性情况汇总表

归类	第二轮独立归类情况汇总		经讨论调整后归类汇总	
	标签数	百分比	标签数	百分比
完全不同	5	7.58%	0	0.00%
两组相同	12	18.19%	15	22.73%
完全相同	49	74.23%	51	77.27%
总计	66	100%	66	100%

经过详细讨论后,最后 66 条概念化标签中,有 7 条归于主范畴创新需求,8 条归于科创政策,6 条归于关系协调,7 条归于资源集聚,8 条归于契约设计,6 条归于平台网络结构,9 条归于业务创新,8 条归于成果转化绩效,7 条归于平台发展策略。归类结果如表 4-5 所示。

表 4-5　第二轮归类检验结果情况

主范畴类别	三组独立归类结果	三组讨论后归类情况
创新需求	7	7
科创政策	7	8
关系协调	5	6
资源集聚	7	7
契约设计	7	8
平台网络结构	5	6
业务创新	9	9
成果转化绩效	7	8
平台发展策略	7	7
总计	61	66

第三轮的信度分析是内容分析过程中一项重要的内容,所谓信度分析是指不同的研究者内容分析所得类目和分析单元是否能够将内容归纳到相同的类目中去,并且所得的结论一致(杨国枢等,2006)。因此,信度直接影响了内容分

析的结果。

内容分析必须经过严密的信度分析才能提高精确性,内容分析的信度计算公式如下:

$$信度 = \frac{n \times (相互同意度)}{1 + [(n-1) \times 相互同意度]}$$

其中,n =编码者个数,相互同意度 $= M/N$,其中,M 表示一致同意数,N 表示该类别拥有总的标签数,本书的编码和归类的信度分析如表4-6所示,所有研究的信度均达到了良好。

表 4-6 归类检验信度分析

	总条目	一致同意数	相互同意度	信度
创新需求	7	6	0.86	0.97
科创政策	8	6	0.75	0.95
关系协调	6	4	0.67	0.92
资源集聚	7	6	0.86	0.97
契约设计	8	6	0.75	0.95
平台网络结构	6	4	0.67	0.92
业务创新	9	7	0.78	0.96
成果转化绩效	8	5	0.63	0.91
平台发展策略	7	5	0.71	0.94

四、选择性编码

通过对主次范畴的多轮分析考察,尤其是对平台服务、成果转化法规等24个主范畴及相应的次范畴关系的深入比较分析,并多次回听访谈录音以确定各个范畴之间的"故事线"逻辑关系,发现平台网络治理结构要素、平台资源协同要素和科技创新管理要素这3大核心范畴可以概括其他所有范畴。如图4-2所示中间部分的核心范畴及其逻辑关系构成了科创平台网络治理研究的框架和理论模型的基础。

主范畴　　　　　　核心范畴　　　　　主范畴

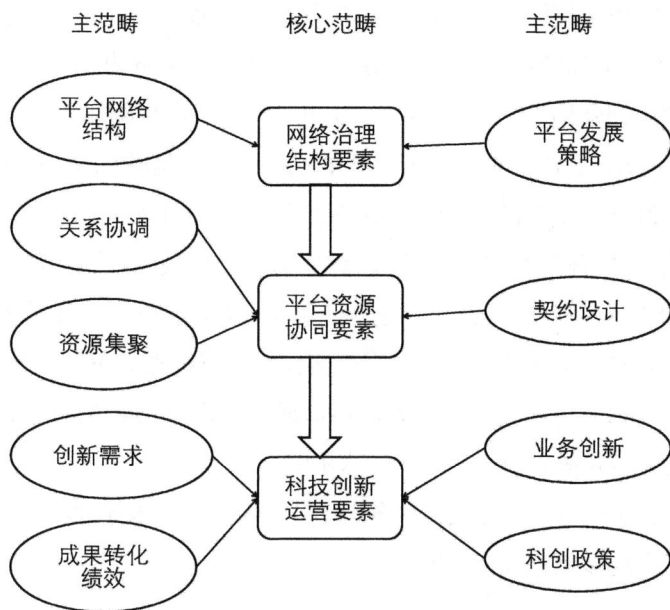

图 4-2　编码结果示意图

　　围绕核心概念的故事线可以概括为,平台网络创新治理应紧扣平台网络的结构特征,选择合适的分类标准划分平台网络类别,并设计差异化的平台发展策略,以此构建科创平台网络创新治理框架。在平台层面治理设计的基础上,立足技术应用市场的创新需求,紧密联系企业,以一套完善的创新体制机制和以平台产业链企业的收益分配及成本分担契约设计明确各方利益与风险,依靠可控性的管理,在创新创业过程中将企业融入科创平台,从而实现科创平台网络创新治理承载于平台成果转化绩效管理。随之而来的就是平台创新环境网络化的变化,创新资源在扶持政策下的集聚,通过资源整合集聚和关系协调,推动科创平台网络成果转化绩效的提升。

第三节　治理因素关系的推导

　　科创平台网络是一个由众多相互作用影响的单元因素组成的复杂系统,在深入研究网络治理就需要了解系统中各因素之间的相互关系,特别是要了解各个影响因素之间的关系是否存在,若存在是直接关系还是间接关系。为了了解科创平台网络的系统结构,本书建立系统的结构模型来解决。

建立结构模型已有许多方法可应用,但其中以解释结构模型法尤为常用,即 ISM 法(Interpretative Structural Modeling),此法是美国 J. N. Warfield 教授于 1973 年为分析复杂的社会经济系统结构问题而开发的一种方法。它的特点是将复杂系统分解为若干子系统,即称之为因素或要素,先将系统问题简化,然后结合实践经验、知识、直觉,通过人机交互,逐步剖析出各个要素之间的结构关系,最终形成一个多级递阶的结构模型,其实施步骤如下:

(1)组织 ISM 的实施小组,收集资料形成系统影响因素的集合;

(2)构造邻接矩阵,并分析计算可达矩阵;

(3)对可达矩阵进行层次划分、分部划分、强连接子集要素划分,最终建立结构矩阵,并绘制多级递阶结构图。

一、建立邻接矩阵

用于科创平台网络治理影响因素分析的资料仍采用前文扎根理论分析方法形成的政策文件及访谈资料,并直接引用扎根理论编码形成的 9 个主范畴编码作为主要影响因素集 P_i(1,2…9),依次为创新需求、科创政策、关系协调、资源集聚、契约设计、平台网络结构、业务创新、成果转化绩效和平台发展策略。根据扎根编码过程中对各因素的了解,已形成科创平台网络系统,对其有一个大体的认识,对系统各影响因素之间的相互关系有了相当程度的了解,已经能够确定因素之间有无关系,而且关系主要有如下四种情况:

(1) $P_i \sim P_j$ 表示 P_i 与 P_j 之间存在相互影响作用的关系,P_i 可达 P_j,P_j 也可达 P_i,两者之间存在强连接;

(2) $P_i \times P_j$ 表示因素 P_i 不可达 P_j,P_j 也不可达 P_i,即两个因素之间无关系;

(3) $P_i > P_j$ 表示 P_i 因素可达 P_j,反之 P_j 不可达 P_i;

(4) $P_i < P_j$ 表示因素 P_j 可达 P_i,反之 P_i 不可达 P_j。

根据这四种情况,分别确定科创平台网络治理影响因素之间的关系,经过反复讨论修改后得到以下邻接矩阵。

$$\mathbf{A} = \begin{matrix} P_1 \\ P_2 \\ P_3 \\ P_4 \\ P_5 \\ P_6 \\ P_7 \\ P_8 \\ P_9 \end{matrix} \begin{bmatrix} 0 & 0 & 0 & 0 & 0 & 0 & 0 & 0 & 0 \\ 0 & 0 & 1 & 1 & 1 & 1 & 1 & 1 & 0 \\ 0 & 0 & 0 & 1 & 0 & 1 & 1 & 1 & 0 \\ 0 & 0 & 1 & 0 & 0 & 1 & 1 & 1 & 0 \\ 0 & 0 & 0 & 1 & 0 & 0 & 0 & 1 & 0 \\ 0 & 0 & 1 & 1 & 0 & 0 & 0 & 1 & 0 \\ 0 & 0 & 1 & 1 & 0 & 0 & 0 & 1 & 0 \\ 0 & 0 & 0 & 0 & 0 & 0 & 0 & 0 & 0 \\ 0 & 0 & 0 & 1 & 1 & 0 & 0 & 0 & 0 \end{bmatrix}$$

其中"1"表示 P_i 对 P_j 有影响,在有向图中则表示为线段从 P_i 指向 P_j;"0"表示 P_i 对 P_j 无影响,在有向图中则表示为线段不从 P_i 指向 P_j。

二、推导可达矩阵

根据因素之间是否存在联系而建立了邻接矩阵,至于这种关系是直接的(邻接)的还是间接的事先却不明朗,这可以通过人—机反复互动对话构成可达矩阵。对于构造 n 阶可达矩阵,除因素 P_i 与 P_j 本身必定可达之外,还要知道 $n(n-1)$ 个因素间的关系,则需要对 $n(n-1)$ 个关系逐个考虑,推导工作较为繁琐。本书则是利用可达矩阵的推移律特性进行推理,有效地得到了可达矩阵。

在科创平台网络治理影响因素中选择一个既有输入边,又有输出边的因素 P_3,它和其他因素 P_j 之间必然存在以下四种关系中的一种,因此其余因素必定属于下列情况之一:

(1)有些要素受 P_3 影响,但它们不影响 P_3,把所有这些要素的集合称为 P_3 的无回路上位集,记为 $U(P_3)$,即 P_3 可达 $U(P_3)$ 中的要素,而 $U(P_3)$ 中的要素不可达 P_3;

(2)有些要素受 P_3 影响,反之,它们也影响 P_3,把所有这些要素的集合称为 P_3 的有回路上位集,记为 $F(P_3)$,即 P_3 可达 $F(P_3)$ 中的要素,$F(P_3)$ 中的要素也可达 P_3;

(3)有些要素影响 P_3,而 P_3 不能影响它们,把这些要素的集合称为要素

P_3 的下位集,记为 $D(P_3)$,即 $D(P_3)$ 中的要素可达 P_3,而 P_3 不能到达 $D(P_3)$ 中的要素;

(4)还有些要素既不影响 P_3,而 P_3 也不影响它们,把这些要素的集合称为 P_3 的无关集,记为 $V(P_3)$,即 P_3 与 $V(P_3)$ 中的要素完成无关。

因此,则可达矩阵可表达为:

$$R = \begin{array}{c} U(P_3) \\ F(P_3) \\ P_3 \\ V(P_3) \\ D(P_3) \end{array}
\begin{bmatrix}
R_{UU}\ [0] & R_{UF}\ [0] & [0] & R_{UV}\ [0] & R_{UD}\ [0] \\
R_{FU}\ [1] & R_{FF}\ [1] & [1] & R_{FV}\ [0] & R_{FD}\ [0] \\
[1] & [1] & 1 & [0] & [0] \\
R_{VU}\ R_{VU} & R_{VF}\ [0] & [0] & R_{VV}\ R_{VV} & R_{VD}\ [0] \\
R_{DU}\ [1] & R_{DF}\ [1] & [1] & R_{UV} & R_{DD}
\end{bmatrix}$$

该可达矩阵被 P_3 行和 P_3 列分割开来,按元素的性质可以分成 16 个分块,而每块元素的情况多数是可以推断出来的。

(1)从 P_3 行看,并结合上述关于与 P_3 联系的各个集合的定义可知它与 $U(P_3)$ 和 $F(P_3)$ 各列对应的元素都是 1,与 $V(P_3)$ 和 $D(P_3)$ 各列对应的元素都是 0;从 P_3 列看,它与 $D(P_3)$ 和 $V(P_3)$ 各行对应的元素都是 1,与 $V(P_3)$ 和 $D(P_3)$ 各行对应的元素都是 0。

(2)根据 $U(P_3)$、$F(P_3)$、$V(P_3)$ 和 $D(P_3)$ 的定义可知,$U(P_3)$ 和 $F(P_3)$ 是上位集,不会影响 $D(P_3)$ 和 $V(P_3)$,因此,R_{UV}、R_{UD}、R_{FV} 和 R_{FD} 四块子矩阵的元素全为 0。

(3)由于 $U(P_3)$ 与 $F(P_3)$ 无关,所以 R_{UF} 块中的元素也为 0。

(4)$F(P_3)$ 中的要素影响 P_3,P_3 又影响 $U(P_3)$,因此可推导出 $F(P_3)$ 中要素影响 $U(P_3)$ 中的要素,所以 R_{FU}、R_{FF} 中的元素全为 1。

(5)$V(P_3)$ 不会影响 $F(P_3)$,所以 R_{VF} 中各元素全为 0。

(6)$V(P_3)$ 不会影响 $D(P_3)$,所以 R_{VD} 中各元素全为 0。

(7)$D(P_3)$ 影响因素 P_3,而 P_3 又影响到 $U(P_3)$ 和 $F(P_3)$,所以 R_{DU} 和

R_{DF} 中各元素全为 1。

经过上述推理,可以确定上述可达矩阵中 11 块元素的取值,而另外未确定取值的 R_{UU}、R_{VV}、R_{DD} 在主对角线上,是降价的可达子矩阵,可按上述方法继续求取值,而其他是相互作用矩阵 R_{DV} R_{VD},需要进一步分解讨论。

经资料及访谈信息确认 P_3 与其他因素之间存在如下关系:

无回路上位集 $U(P_3) = \{P_8\}$

有回路上位集 $F(P_3) = \{P_4, P_6, P_7\}$

下位集 $D(P_3) = \{P_2\}$

无关集 $V(P_3) = \{P_1, P_5, P_9\}$

按上述推断方法,科创平台网络治理影响因素系统的可达矩阵进一步推导为:

$$
R =
\begin{array}{c}
\\
U(P_3) \quad P_8 \\
F(P_3) \left\{ \begin{array}{c} P_4 \\ P_6 \\ P_7 \end{array} \right. \\
P_3 \\
V(P_3) \left\{ \begin{array}{c} P_1 \\ P_5 \\ P_9 \end{array} \right. \\
D(P_2) \quad P_2
\end{array}
\begin{array}{c}
\overbrace{\begin{array}{ccccc} U(P_3) & F(P_3) & & & V(P_3) & & & D(P_3) \end{array}}
\\
\left[
\begin{array}{c|cccc|c|ccc|c}
P_8 & P_4 & P_6 & P_7 & & P_3 & P_1 & P_5 & P_9 & P_2 \\
\hline
1 & 0 & 0 & 0 & & 0 & 0 & 0 & 0 & 0 \\
1 & 1 & 1 & 1 & & 1 & 0 & 0 & 0 & 0 \\
1 & 1 & 1 & 1 & & 1 & 0 & 0 & 0 & 0 \\
1 & 1 & 1 & 1 & & 0 & 0 & 0 & 0 & 0 \\
\hline
1 & 1 & 1 & 1 & & 1 & 0 & 0 & 0 & 0 \\
\hline
 & 0 & 0 & 0 & & 0 & & & & 0 \\
R_{VU} & 0 & 0 & 0 & & 0 & R_{VV} & & & 0 \\
 & 0 & 0 & 0 & & 0 & & & & 0 \\
\hline
1 & 1 & 1 & 1 & & 1 & R_{DV} & & & 1
\end{array}
\right]
\end{array}
$$

从矩阵图示中可知,目前还有子矩阵 R_{VV}、R_{VU}、R_{DV} 还没有确定关系,根据提问可知 P_1、P_5、P_9 的关系,则可确认 R_{VV} 的元素取值,即:

$$
R_{VV} =
\begin{array}{c}
P_1 \\
P_5 \\
P_9
\end{array}
\begin{array}{c}
\begin{array}{ccc} P_1 & P_5 & P_9 \end{array} \\
\left[
\begin{array}{ccc}
0 & 0 & 0 \\
0 & 0 & 1 \\
0 & 1 & 0
\end{array}
\right]
\end{array}
$$

继续抽出子矩阵 R_{UU}、R_{VU}、R_{VV} 和 R_{VV}、R_{DD}、R_{DV} 组成可达子矩阵 $\boldsymbol{R}_1$ 和 $\boldsymbol{R}_2$

$$\boldsymbol{R}_1 = \begin{bmatrix} 1 & 0 & 0 & 0 \\ x_1 & 0 & 0 & 0 \\ x_2 & 0 & 0 & 1 \\ x_3 & 0 & 1 & 0 \end{bmatrix}; \quad \boldsymbol{R}_2 = \begin{bmatrix} 0 & 0 & 0 & 0 \\ 0 & 0 & 1 & 0 \\ 0 & 1 & 0 & 0 \\ x_4 & x_5 & x_6 & 1 \end{bmatrix}。$$

可见，$\boldsymbol{R}_1$ 和 $\boldsymbol{R}_2$ 是降价的可达子矩阵，R_{UU}、R_{VV}、R_{DD} 是已知的可达子矩阵，根据自蕴涵方程有：

$$\begin{bmatrix} x_1 \\ x_2 \\ x_3 \end{bmatrix} + \begin{bmatrix} 0 & 0 & 0 \\ 0 & 0 & 1 \\ 0 & 1 & 0 \end{bmatrix} \begin{bmatrix} x_1 \\ x_2 \\ x_3 \end{bmatrix} = \begin{bmatrix} x_1 \\ x_2 \\ x_3 \end{bmatrix}$$

从方程可得：

$$x_1 + 0 = x_1$$
$$x_2 + x_3 = x_2$$
$$x_3 + x_2 = x_3$$

根据政策文件和访谈材料可知，因素 P_1 与因素 P_8 无关联，则 $x_1 = 0$；因素 P_5 与因素 P_8 有关联，因此 $x_2 = 1$，则 $x_3 = 0$。

同理可得：$\begin{bmatrix} x_4 & x_5 & x_6 \end{bmatrix} \begin{bmatrix} 0 & 0 & 0 \\ 0 & 0 & 1 \\ 0 & 1 & 0 \end{bmatrix} + \begin{bmatrix} x_4 & x_5 & x_6 \end{bmatrix} = \begin{bmatrix} x_4 & x_5 & x_6 \end{bmatrix}$，即：

$$x_4 + 0 = x_4$$
$$x_6 + x_5 = x_5$$
$$x_5 + x_6 = x_6$$

根据材料可知，因素 P_2 与因素 P_1 无关联，则 $x_4 = 0$；因素 P_2 与因素 P_5 有关联，因此 $x_5 = 1$，则 $x_6 = 0$。综上所述，最终科创平台网络治理因素系统的可达矩阵为：

$$R = \begin{array}{c} \\ P_8 \\ P_4 \\ P_6 \\ P_7 \\ P_3 \\ P_1 \\ P_5 \\ P_9 \\ P_2 \end{array} \begin{array}{cccccccccc} P_8 & P_4 & P_6 & P_7 & P_3 & P_1 & P_5 & P_9 & P_2 \\ \left[\begin{array}{ccccccccc} 1 & 0 & 0 & 0 & 0 & 0 & 0 & 0 & 0 \\ 1 & 1 & 1 & 1 & 1 & 0 & 0 & 0 & 0 \\ 1 & 1 & 1 & 1 & 1 & 0 & 0 & 0 & 0 \\ 1 & 1 & 1 & 1 & 1 & 0 & 0 & 0 & 0 \\ 1 & 1 & 1 & 1 & 1 & 0 & 0 & 0 & 0 \\ 0 & 0 & 0 & 0 & 0 & 0 & 0 & 0 & 0 \\ 1 & 0 & 0 & 0 & 0 & 0 & 0 & 1 & 0 \\ 0 & 0 & 0 & 0 & 0 & 0 & 1 & 0 & 0 \\ 1 & 1 & 1 & 1 & 1 & 0 & 1 & 0 & 1 \end{array}\right] \end{array}$$

三、级别划分

虽然依据可达矩阵可知系统的要素之间是否存在联系,却无法了解系统要素之间的层次结构,为了构建模型以及多级递阶有向图,就需要把这些关系加以划分。

通过级别划分将系统的各要素分为不同级,即不同层次,确定系统的层次关系。对于要素 P_i,其可到达的要素集合称为 P_i 的可达集,记为 $R(P_i)$;可到达它的要素集合称为 P_i 的先行集,记为 $A(P_i)$。从可达矩阵很容易得到这两个集合,即在 P_i 行中凡是元素为 1 的列所对应的要素组成 P_i 的可达集,在 P_i 列中凡是元素为 1 的行所对应的要素组成 P_i 的先行集。

对多层次结构系统的最上一级(最后一级)要素,没有更高级的要素可以到达,其可达集 $R(P_i)$ 只包括它本身和与之同级的强连接要素;先行集 $A(P_i)$ 则包括它本身,与之有强连接关系的要素和到达它的下级要素。因此,它的 $A(P_i)$ 与 $R(P_i)$ 的交集和 $R(P_i)$ 是一样的。由此得出以下结论,即满足条件 $R(P_i) = R(P_i) \bigcap A(P_i)$ 的要素为最上级要素。

找到最上级的要素后,将其暂时去掉,再用同样的方法即可求得次一级诸要素,依次类推,便可逐级将要素划分开。若用 $L_0, L_1, L_2, \cdots, L_m$ 表示从上到下的各级,则级别划分为 $\prod_1(P) = \{L_0, L_1, L_2, \cdots L_m,\}$。

回到本章的研究主题,即科创平台网络治理因素系统进行级别划分。各要

素的 $R(P_i)$、$A(P_i)$ 和 $R(P_i) \bigcap A(P_i)$ 的列表 4-7 如下。

表 4-7　第一次级别划分

要素 P_i	可达集 $R(P_i)$	先行集 $A(P_i)$	$R(P_i)$ $A(P_i)$	$R(P_i)=R(P_i)$ $A(P_i)$
1	Φ	Φ	Φ	Φ
2	2,3,4,5,6,7,8	2	2	
3	3,4,6,7,8	2,3,4,6,7	3,4,6,7	
4	3,4,6,7,8	2,3,4,6,7	3,4,6,7	
5	8,9	2,9	9	
6	3,4,6,7,8	2,3,4,6,7	3,4,6,7	
7	3,4,6,7,8	2,3,4,6,7	3,4,6,7	
8	8	2,3,4,5,6,7,8	8	8
9	5	5	5	5

从表 4-12 可知,要素 P_8、P_9 是最上级要素,即 $L_1=\{8,9\}$,其中 P_1 所有的子集均为空集,并且 $R(P_1)=R(P_1) \bigcap A(P_1)=\Phi$,则第零级为 $L_0=\{1\}$。

接下来去掉 $L_1=\{8,9\}$,求 $(P-L_0-L_1)$ 的最上级要素,即只考虑 P_2、P_3、P_4、P_5、P_6、P_7 要素,得表 4-8。

表 4-8　第二次级别划分

要素 P_i	可达集 $R(P_i)$	先行集 $A(P_i)$	$R(P_i) \bigcap A(P_i)$	$R(P_i)=R(P_i) \bigcap A(P_i)$
2	2,3,4,5,6,7	2	2	
3	3,4,6,7	2,3,4,6,7	3,4,6,7	3,4,6,7
4	3,4,6,7	2,3,4,6,7	3,4,6,7	3,4,6,7
5	Φ	2	Φ	Φ
6	3,4,6,7	2,3,4,6,7	3,4,6,7	3,4,6,7
7	3,4,6,7	2,3,4,6,7	3,4,6,7	3,4,6,7

从表 4-8 可知,要素 P_3、P_4、P_6、P_7 是此时的上级要素,即系统的第二级

$L_2=\{3,4,6,7\}$，同时 $R(P_5)=R(P_5)\bigcap A(P_5)=\Phi$，由将要素 P_5 归入 L_0，则 $L_0=\{1,5\}$。

再去掉 $L_2=\{3,4,6,7\}$，求 $(P-L_0-L_1-L_2)$ 的最上级要素，即只考虑 P_1、P_2、P_5 要素，得表 4-9。

表 4-9　第三次级别划分

要素 P_i	可达集 $R(P_i)$	先行集 $A(P_i)$	$R(P_i)\bigcap A(P_i)$	$R(P_i)=R(P_i)\bigcap A(P_i)$
2	2	2	2	2

由表 4-9 可知，$L_3=\{2\}$。至此整个科创平台网络治理因素已分级完毕，分级结果为 $\prod_1(P)=\{L_0,L_1,L_2,L_3,\}=\{(1,5);(8,9);(3,4,6,7);(2)\}$。

四、分部划分

系统要素虽然存在直接或间接的联系，但要素之间不一定同属于一个部分，从连通图上观察发现有些是连通的，有些是不连通，此时同属一部分要素是可连通，不同属一部分的要素则是不连通的。分部划分的目的就是将系统从结构上分离成几个相互独立的部分，以考察系统的连通情况。

对多层次结构系统的底层要素，没有更低一级要素可达它，即它下面不再有要素。其先行集 $A(P_i)$ 只包括它本身和它的强连接要素，可达集 $R(P_i)$ 则包括它本身、与之有强连接关系的要素和它可达的其他要素。因此，它的 $A(P_i)$ 与 $R(P_i)$ 的交集和 $A(P_i)$ 是一样的。由此得出以下结论，即满足条件 $A(P_i)=R(P_i)\bigcap A(P_i)$ 的要素，称为底层要素。用 T 表示底层要素的集合，则底层要素集为：

$$T=\{P_i\in P|A(P_i)=A(P_i)\bigcap R(P_i)\}$$

科创平台网络治理因素系统的底层要素集 $T=\{1,2,9\}$。从这两个因素出发，寻找哪些要素属于同一部分。如果要素 P_i 和 P_j 的可达集有共同的元素，即 $R(P_i)\bigcap R(P_j)\neq\Phi$，则它们在同一部分内；反之，若它们的可达集无共同元素，即 $R(P_i)\bigcap R(P_j)=\Phi$，则它们不属于同一部分。

在科创平台网络系统中，$R(P_2)\bigcap R(P_9)=\{5\}$，所以 P_2 和 P_9 属于同一

部分,但 $R(P_1)$ 与任何一个其他因素可达集的交集都为空集,则 P_1 与系统中任何一个要素都不在同一部分,它独立构成一个部分。

由于 $R(P_2) \bigcap R(P_3) \bigcap R(P_4) \bigcap R(P_5) \bigcap R(P_6) \bigcap R(P_7) \bigcap R(P_8) = \{8\}$,则 P_2、P_3、P_4、P_5、P_6、P_7、P_8 属于同一部分,因此,科创平台网络治理因素系统中的 9 个要素分成三个部分,即 $\prod_2(P) = \{(2,3,4,5,6,7,8);(2,9);(1)\}$。

五、强连接子集划分

经过上述分层和分部划分后,已初步勾画出了科创平台网络治理因素系统的结构框架,但每层次内要素之间的联系并不完整和清晰,因此,接下来对强连接子集要素进行划分。

在每个层次的各要素可能是无强连接子集的要素,也可能是某一强连接子集的要素。在可达矩阵中,若存在要素 P_i 和 P_j 的相应行和列的元素完全相同,则 P_i 和 P_j 属于同一强连接子集,凡是不存在相应行和列要素完全相同的,则为无强连接子集的要素。在科创平台网络治理因素系统中第二层次的 P_3、P_4、P_6、P_7 要素就是同一强连接子集要素。

把属于同一强连接子集的要素当作一个要素,从而可以削减相应的行和列,得到新的可达矩阵 R',称为缩减矩阵。P_3、P_4、P_6、P_7 作为一个要素,以 P_3 为代表,则将 P_4、P_6、P_7 要素去掉,得到以下缩减矩阵:

$$R' = \begin{array}{cc} & \begin{array}{cccc} \overbrace{}^{L_1} & & L_2 & L_3 \\ P_8 \quad P_9 & & P_3 & P_2 \end{array} \\ \begin{array}{c} L_1 \left\{ \begin{array}{c} P_8 \\ P_9 \end{array} \right. \\ L_2 \quad P_3 \\ L_3 \quad P_2 \end{array} & \begin{bmatrix} 1 & 0 & 0 & 0 \\ 0 & 0 & 0 & 0 \\ 1 & 0 & 1 & 0 \\ 1 & 0 & 1 & 1 \end{bmatrix} \end{array}$$

六、结构矩阵构建

所谓结构矩阵 S 就是反映系统多级递阶结构的领接矩阵,根据该矩阵可

以绘制系统的多级递阶结构图。由缩减矩阵推导出结构矩阵是一种有效的简易方法,具体步骤如下:

(1)将属于同一部分的各要素的缩减矩阵按级排列成下三角子矩阵。由于科创平台网络治理因素系统的 9 个要素分成了三个部分:

$$\Pi_2(P)=\{(2,3,4,5,6,7,8);(2,9);(1)\}$$

其中 P_1 要素独立成部,在此略去不表,另外两个部分的缩减矩阵按级排列后形成 $R^{1'}$ 和 $R^{2'}$ 子矩阵。

(2)计算 $R^{1'}-I$ 和 $(R^{1'}-I)^2$。

$$R^{1'}-I=\begin{array}{c}\\P_8\\P_3\\P_2\end{array}\begin{array}{ccc}P_8 & P_3 & P_2\\\left[\begin{array}{ccc}0 & 0 & 0\\1 & 0 & 0\\0 & 1 & 0\end{array}\right]\end{array}\qquad R^{2'}-I=\begin{array}{c}\\P_9\\P_2\end{array}\begin{array}{cc}P_9 & P_2\\\left[\begin{array}{cc}0 & 0\\0 & 0\end{array}\right]\end{array}$$

$$(R^{1'}-I)^2=\begin{array}{c}\\P_8\\P_3\\P_2\end{array}\begin{array}{ccc}P_8 & P_3 & P_2\\\left[\begin{array}{ccc}0 & 0 & 0\\0 & 0 & 0\\1 & 0 & 0\end{array}\right]\end{array}\qquad (R^{2'}-I)^2=\begin{array}{c}\\P_9\\P_2\end{array}\begin{array}{cc}P_9 & P_2\\\left[\begin{array}{cc}0 & 0\\0 & 0\end{array}\right]\end{array}$$

(3)构建系统结构矩阵 S。

根据科创平台网络治理因素系统的第二部分要素 P_9 和 P_2 的缩减矩阵元素取值为 0,不存在联系,因此无须继续讨论 $R^{2'}$。对 $R^{1'}$ 构建的系统结构矩阵 S^1:

$$S^1=(R^{1'}-I)-(R^{1'}-I)^2=\begin{array}{c}\\P_8\\P_3\\P_3\end{array}\begin{array}{ccc}P_8 & P_3 & P_2\\\left[\begin{array}{ccc}0 & 0 & 0\\1 & 0 & 0\\0 & 1 & 0\end{array}\right]\end{array}$$

(4)绘制结构图。

根据系统结构矩阵,绘制科创平台网络治理因素系统的多级递阶结构图,如图 4‐3 所示。

第零级　　　　　　　　契约设计　　　　　　　　创新需求

第一级　　　　　　成果转化绩效　　　　　平台发展策略

第二级　　平台网络结构　→　资源集聚　→　关系协调
　　　　　　　　　　　　　　　　　　→　业务创新
　　　　　　强连接子集

第三级　　　　　　　　科创政策

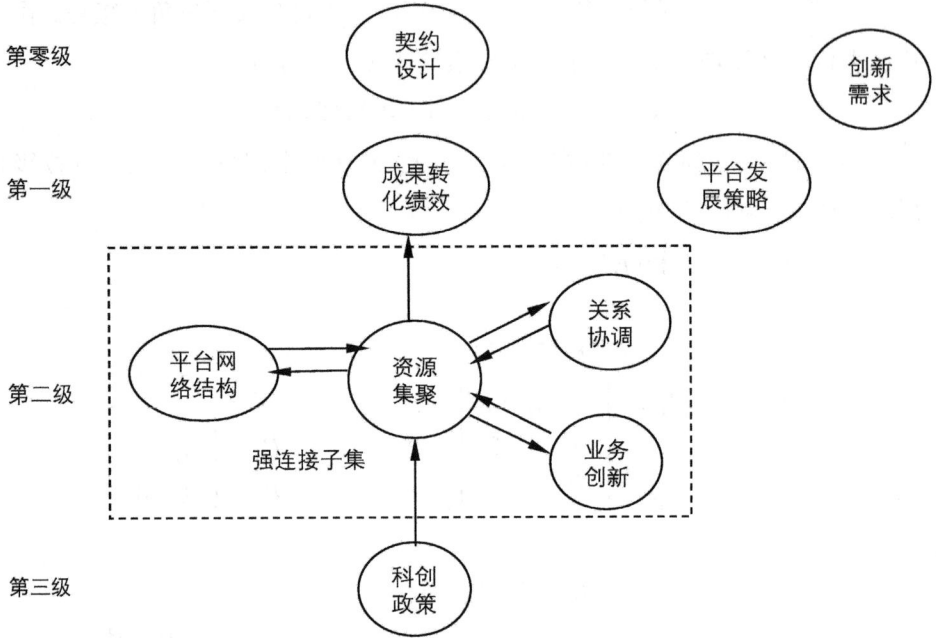

图 4‐3　科创平台网络治理因素系统结构图

　　扎根理论的范畴化编码确定了本书关系网络治理的研究框架和重点内容，根据 ISM 构造的关系结构图，拓展了扎根编码的价值，为本书提供了研究的方向和内容，从上述多级递阶结构图可以确定在针对科创平台网络治理的各个影响因素之间存在的联系紧密程度。"创新需求""契约机制"和"平台发展策略"在平台网络治理中较为独立的三项影响因素，它们对于平台网络治理很重要，其中创新需求是科创平台可持续发展的基础，契约机制和平台发展策略的设计与实施直接影响着科创平台乃至科创中心建设的效果，虽然如此，这三项因素与其他影响因素之间没有明显的强连接关系，因此本书设置了专题来完成科创平台网络契约机制治理和发展策略的研究设计。以"关系协调""资源集聚""平台网络结构""科技创新"为核心的强连接因素子集为本书提供了达到"成果转化绩效"的有效途径，因此，本书以此为线索，结合大量文献及研究成果，以网络特征，既网络嵌入视角为切入点构建科创平台网络成果转化绩效提升的内在机理研究。

第四节 科创平台网络治理框架

网络治理的概念由 Johes 等在早期提出,其明确了网络治理的目标,维护和协调网络合作,通过结点间的互动和整合促进创新活动的发生(彭正银,2002),认为网络治理机制是一系列为制约和调节网络内结点成员的资源配置而形成的激励约束等契约和规则的综合,以实现有序网络的高效运作。科创平台网络的嵌入性特征给网络成员带来了丰富的社会关系,并从此关系渠道上可获得更有价值的非冗余性资源。而且在科创平台网络致力于科技成果转化绩效的提高,充分挖掘现有科技成果存量的市场价值,异质性结构和资源都十分有利于提高绩效,最终实现治理的目标。

科创平台网络成员进行信息、资源共享是一种理性的选择,由于有限理性的特征,非理性行为总是会影响成员的行为决策。成员已有的网络关系和结构嵌入到科创平台中,受到网络联结与网络规制的影响,因而企业原有的交易互惠规则、信任关系等因素会被带入网络,并且对网络中其他成员在网络中的行为决策产生影响,这是经典的 SCP 分析范式的分析方法。根据扎根理论的研究结论,明确了科创平台网络治理的三个核心要素分别是结构要素、协同要素和运营要素,因此在对科创平台网络进行治理过程中需要紧扣以上三个核心治理要素。

明确了以"结构—行为/能力—绩效"的研究逻辑框架构建的成果转化绩效影响要素的关系机制构念模型,因此科创平台网络治理思路可以立足于"网络结构—行为策略—治理绩效"的分析路径,探讨网络中成员企业在特定的网络结构中如何进行行为决策,实现科创平台成果转化绩效提升的作用机理,以实现科创平台网络治理绩效为目标的研究框架。

一、科创平台网络治理层次分析

建立在成员成果转化合作技术转移与应用基础上的科创平台网络本质是一种复杂的社会网络,一系列网络特征现象使成员间的关系,即获取异质资源的渠道也容易出现不稳定的问题。针对这个问题,现有的研究有从微观层面的分析,如提出通过合作关系和共同学习机制对关系进行治理,也有从宏观层面的分析,比如对网络进行核心层与非核心层的区分,指出信息与资源更容易在跨层次之间的传递。本书基于第三章中扎根理论归纳提炼出的核心范畴,即网络治理结构要素、平台资源协同要素和企业创新运营要素,同时结合科创平台运行的网络化特征,在科创平台治理过程中充分考量网络嵌入的影响,将治理研究细分为三个层次,第一个层次是平台网络结构治理和运营治理。这里包含了两方面的治理,一方面是根据平台网络结构特征将平台网络进行分类,实现差异化发展策略的治理设计,另一方面则是紧扣科技创新活动中的关键资源要素以及主体策略,通过对创新活动的治理实现成果转化绩效的提升。第二个层次是平台网络的协同治理,结点的成员在网络嵌入的运营环境下进行关系网络治理,探讨网络嵌入对各主体行为策略的影响,并提出了收益分配机制治理的思路。通过以上两个层次的治理设计实现科创平台的治理目标。

二、科创平台网络治理框架设计

根据第三章的扎根理论分析,在对主次范畴进行了多轮分析考察后,尤其是对技术支持服务、成果转化法规等 42 个主范畴及相应的次范畴关系的深入比较分析,并多次回听访谈录音以确定各个范畴之间的"故事线"逻辑关系,归纳出"网络治理结构要素、平台资源协同要素和科技创新运营要素"这 3 大核心范畴。将以上核心范畴与科创平台的运行网络特征相结合,其中"网络治理结构要素"主要包含了平台网络特征、平台类型和平台发展策略等三个主范畴。通过扎根理论分析的演绎,这三个主范畴与相关次范畴构成的"故事线"主要讲述的与科创平台网络整体结构状况、规划、发展有关,因此以此确定了科创平台治理中的平台网络结构治理层面主要内容。同样地,"平台资源协同要素"核心范畴中包含了政策扶持、资源集聚、契约机制和扶持政策等主范畴,分析其与相关次范畴的"故事线",主要体现了科创平台网络关系的建立、维持和管理,而核心范畴"企业创新管理要素"背后的主范畴包括立足市场、创新创业、企业能力和成果转化绩效,其与次范畴的逻辑"故事线"主要体现了创新企业开展的成果转化活动。因此,根据以上研究科创平台的网络治理要素出发,分别设计了结构分类治理、创新活动运营治理和关系协调治理三个层次的治理框架。本书对科创平台网络治理研究框架如图 4-4 所示。

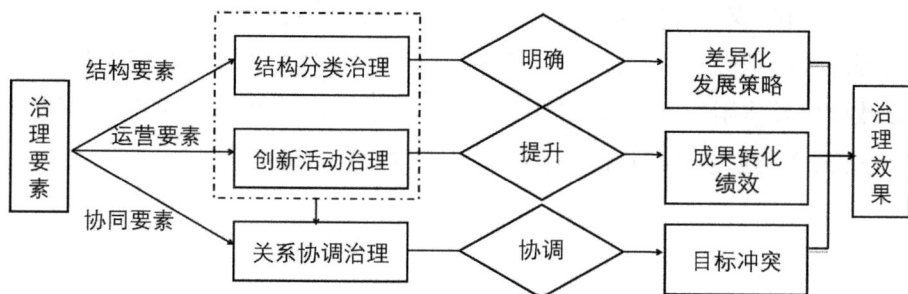

图 4-4　科创平台网络运行治理框架

本章小结

扎根理论的范畴化编码确定了本书平台网络治理的研究框架和重点内容，根据 ISM 构造的关系结构图，拓展了扎根编码的价值，为本书提供了研究的方向和内容，从上述多级递阶结构图可以确定在针对科创平台网络治理的各个影响因素之间存在的联系紧密程度。"创新需求""契约设计"和"平台发展策略"是平台网络治理中较为独立的三项影响因素，它们对于平台网络治理整体设计很重要，其中立足创新需求是科创平台可持续发展的基础，契约设计和平台发展策略的设计与实施直接影响着科创平台乃至科创中心建设的效果，虽然如此，这三项因素与其他影响因素之间没有明显的强连接关系。以"关系协调""资源集聚""平台网络结构""业务创新"为核心的强连接因素子集则为科创平台网络治理的深入研究提供了非常有价值的线索。在这个强连接关系中可以继续运用实证研究方法挖掘科创平台治理中可能存在的内在作用路径以及因素之间的影响机理。

从科创平台治理的整体规划入手，需要考虑由于平台主导产业与技术的差异性，则应制定不同发展策略；从具体治理策略来看科创平台的关系协调与资源集聚是重要的影响因素，应充分发挥其在科创政策与成果绩效之间的重要桥梁与纽带作用。在治理实践中重点关注平台中创新企业在网络嵌入情况下积极采取的资源整合和网络构建与管理等行为策略充分发挥平台的网络结构特点,引导创新企业进行有利于资源配置的网络结构构建与管理,集聚异质性资源,实现对科技成果转化绩效的正面影响。因此,科创平台治理在抓住 9 个关键治理因素的基础上,需要以提升成果转化绩效为目标重点,关注的是平台因科创政策以及体制机制实现的"资源集聚"基础上,紧扣"平台网络结构"的特点,充分发挥科创平台成员的"关系协调"机制,进行"业务创新"。

第五章

科创平台网络结构分类治理

根据第四章扎根理论分析所得,本章首先从网络嵌入特征切入完成对科创平台网络特征的分析,并选择了网络中心度和结构洞两个网络嵌入指标,对平台网络结构类型进行了分类,针对不同类型平台网络特点,给出了差异化的治理策略,完成科创平台网络结构分类治理的设计。

网络嵌入对创新绩效的直接和间接影响,提示科创平台网络中的企业开展创新活动时需要关注网络形态,了解不同网络形态下最优管理策略,因此有必要对企业所处的平台网络进行分类分析,有助于企业根据网络嵌入具体情况制定管理策略。网络中单个结点以及关系是网络的基本要素,并成为网络结构中重要的分析单位,而企业是集群网络最重要的经济单元,并是实现价值创造与增值的行为主体(雷如桥,2004)。因此,在科创平台网络中参与成员以及成员之间的关系是研究科创平台网络运行治理的重要内容,这需要进入网络内部,在不同的网络类型中分析主体行为与平台运行特点。根据基于交互单元或结点之间关系重要性假设的社会网络分析(SNA)中基本网络测度变量,借鉴反映网络结构与位置的变量对平台网络进行分析。SNA 中主变量包括三类,第一类是单个结点的测度变量,包括中心度和中心性等;第二类结点间联系的测度变量,包括强度、互惠性、结构洞等变量;第三类是针对整个网络的测度变量,包括规模、密度和平均最短路径等三个变量。不同测度变量组合分析可以刻画出不同的网络结构形态,结构洞描述网络内结点企业之间关系冗余程度,一般可用网络约束系数进行测度。占据结构洞的企业更易在多样性信息中得益,获得更多信息流和商业机会,从而更易于获得中介利益(陈运森,2015)。企业或组织占据结构洞数量的多少也可以反映出所在网络结构状况,位于一个结构洞丰富的网络,因网络密度小则企业受网络约束较小,反之,处于一个网络密度大而结构洞匮乏的网络,则其受较大程度的网络约束。网络中心度则是对结点企业在网络中的中心位置程度进行测度,随着中心度的提升可实现成员在网络中的影响力,越高的中心度说明其结合了越多网络伙伴的互联性,而这种成员之间的关联需要以整体网络联合创新绩效为目标的关系治理。因此,本书利用以上两个网络结构的重要测度变量描述科创平台网络的结构,构造出四种不同的科创平台网络结构类型。如图 5 - 1 所示。

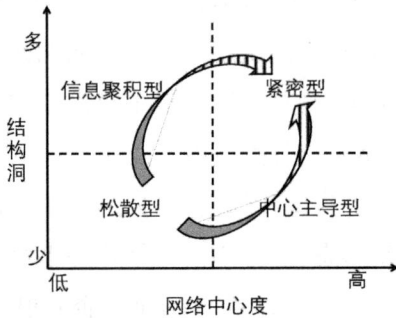

图 5 - 1　科创平台网络结构类型及发展路径

新经济社会学家们认为经济制度本质上是频繁的网络互动,因此具有强烈的路径依赖性(林竞君,2004)。企业成员嵌入集群网络后影响更新了原有的网络关系,同时受该网络的影响,这种网络内复杂关系的影响使企业在网络中形成强烈的不易受外部条件改变的路径依赖,并在长期适应过程中形成了特有的行为策略。科创平台网络成员企业的外部知识网络和社会关系网络通过关系嵌入与结构嵌入在平台网络中,受到平台网络联结与网络规制的影响,因而成员原有的交易互惠规则、信任关系等因素影响其在网络中的决策行为,并且对网络中其他成员产生影响。关于社会网络对人的影响的研究表明,个人在网络中的位置会对个人的创意工作产生影响(Perry-Smith,2003),组织内员工的工作绩效受到组织内关系特征和网络结构特点的共同影响(Cross R,2004),网络中心度对网络关系效绩有正向影响(陈荣德,2004),有实证研究表明处于工作咨询网络中心位置的员工的工作绩效会比处于网络外围的员工高,工作热情也会更高(Sparrowe,2001),可以看出网络位置特征对任务和关系绩效都有正向影响,而且本书的研究已对支持网络特征、成员行为、绩效之间存在着影响关系进行了验证。

　　科创平台是应对竞争、技术、成本、风险等多重压力的重要知识创新源,在平台内的知识、技术共创与共享受到网络结构、激励机制、市场环境等因素的影响。科创平台为知识技术的分享、交换和传播营造开放、合作的工作氛围,同时也需要对平台网络内采取适当的风险控制措施。否则可能产生共同创新中"三个和尚没水喝"的局面,知识共享不足的风险,技术社会服务欠缺等有悖于平台构建初衷的情况。因此,在科创平台网络运行过程中,需要针对不同的网络类型,利用不同的治理机制对成员行为策略干预与引导。

　　科创平台网络治理的目的在于共创共享知识和规避风险,在整个平台运行过程中,应该建立怎样的运行治理机制,何时侧重鼓励创新合作,何时侧重知识分享与服务,受到哪些因素的影响,这是科创平台网络运行治理的关键问题。

第一节　松散合作型网络结构治理策略

　　这种网络结构网络中心度低,科创平台网络中缺乏具有影响力的网络成员,则平台网络难以形成凝聚力。同时,这类网络结构中的成员没有形成丰富的网络结构洞,因此无法从科创平台网络中形成有效的外部学习网络以实现网络内知识、资源的共享与流转。松散型的科创平台网络由于成员之间的松散联结,难以形成深度的战略性创新合作,因此平台网络的知识共创、共享、共赢的目标也是难以在短期内实现。

　　在松散合作型科创平台网络结构中,成员企业与组织之间尚未积累过往合作经验,难以建立相互信任的机制,知识与技术共创活动的协调管理成本较高,成果共享与产业转化需要更强的推动力与更多的时间,知识保护机制的机会主义会增加,进行关系协调获取平台网络收益的可能性降低(卢丽娟等,2014)。此类网络结构中,利用政府政策扶持手段或者借助行政干预机制对平台网络的合作创新活动、技术共享机制以及服务社会模式进行设计与实施,帮助网络成员重视与加强已有的平台网络外部知识网络与社会关系网络的嵌入程度,逐步构建网络中的地位,在合作中积累并发展资源优势。而且在松散型平台网络中,成员由于合作联系尚未成熟与频繁,则共创共享收益鼓励优惠的激励合作机制更有助于促进成员的合作投入,甚至在平台网络成员之间开展市场技术需求驱动下的投融资,在网络内对资本股权进行优化配置,通过资本的深度合作改善松散结构关系以期拥有未来科创成果转化的经济效益的支配权。

在松散型网络结构运行过程中,谁最先占有网络地位或资源优势则谁就将主导平台网络发展的演化路径。若平台网络中的企业优先占据了网络强联结或丰富结构洞的资源信息优势,则平台网络的知识技术共创共享则更能突显出市场需求导向,缩短成果产业化转化的进程;若高校与科研单位能在网络中形成中心力量,则科创平台网络的创新会更具有前沿意识,基础技术应用的社会传播往往会提前,但创新成果转化的进程则需更为合理的机制安排与推进。在松散网络结构中,由于缺乏已有参与者主导力量,则更需要依靠政府的力量,以政策引导与鼓励成员之间加强网络内部和外界的联结,积极加强自身的资源整合能力和以网络关系管理为核心任务的网络能力,提高网络中心度,也借此构建更多的优势结构洞,往往更有助于平台网络协调发展的结构类型转变。

第二节　信息聚积型网络结构治理策略

科创平台网络存在丰富的结构洞,但网络中心度较低的状态被定义为信息聚积型网络。在这类网络中有企业掌握了丰富的网络平台及外部学习网络中知识技术传播的关键路径,拥有非重复性的差异资源优势的便利条件。例如平台中的企业在市场导向下开展的生产制造活动,在与合作者频繁经济交往中,使其比其他成员更易于构建丰富的结构洞,从而掌握贴近市场的明确的产品技术创新需求。但由于平台创建初始,主体之间缺少具有强联结的中介组织,企业难以在短时间内拥有中心地位,往往需要政府牵头,依据相关政策保证平台网络的正常运行,因此难以形成明确的分工创新以及成果共享机制。这最终影响了通过网络联结对由结构洞聚集而成的信息资源进行传播流转的效果,这在平台网络内便存在产生信息不对称现象的可能性,从而形成信息聚积停滞的情况。

在信息聚积型科创平台网络结构中,存在因丰富结构洞而形成的资源流动路径,但拥有这样结构洞的成员却没有获得网络中心位置,导致无法通过资源配置活动充分发挥资源优势,而使资源被囤积在网络中的某些结点,更无法有效地在网络甚至社会范围内进行传递与学习,这种资源的停滞状态是有悖于旨在通过促进知识与技术传播提高成果转化绩效的科创平台发展宗旨的。此时,作为拥有丰富结构洞的成员,最应该考虑的是如何有效地组织平台成员进行创新协作,如何将成果快速转化,在实现平台创新经济效益的同时,加快带动知识、技术资源的社会普及应用。拥有资源优势的成员为提升网络地位,利用知识网络与社会网络等资源优势与其他成员开展投融资合作,吸引网络外的风险投资资金,调整杠杆率等形式优化平台网络的资本结构,加强成员间的资本为纽带的联系。通过信息资源的高效流转实现经济收益,并在不断地创新合作中以共享行为培养平台成员的知识吸收与技术转移能力,形成对其的依赖和凝聚力,从而弥补网络联系强度弱的网络结构短板。并培养与发挥企业的网络能力逐渐构筑其网络地位,提高网络中心度。人才作为科创平台网络中最为核心的资源,采取以股权激励、缓税、户口、绿卡等激励与稳定人才的机制,促进人才资源的合理配置,在合适的创新环节中促使人才的合理流动并保持相对的动态稳定。因此,信息聚积型平台网络结构应把握住结构洞带来的资源优势,利用资源吸引资金,调整资本股权结构,开展投融资深度协同创新合作,以资本合作为契机加强平台网络成员之间的联结,实现科创平台网络的知识共创共享的社会服务网络。

第三节　中心主导型网络结构治理策略

科创平台网络中呈现出网络高中心度以及与数量不多的结构洞时,虽然此时网络中缺少信息集聚效应,但具有优势网络地位的成员可利用强联结促进网络内主体之间更大范围的合作联系,因此被称为中心主导型科创平台网络结构。此时在网络中存在具有较高网络中心度的成员,其可凭借网络关系中的地位与其他成员进行较高频率的知识交流等接触以及交易往来,形成通过交流影响网络资源配置与流向的能力。但由于其未在网络中构建丰富的结构洞,信息在网络内分布仍处于松散的状态,因此,无法直接获得网络内外的信息资源优势,而难以形成有效的信息整合。

在中心主导型科创平台网络结构中,拥有网络影响力并与其他成员之间建立了较频繁交往的企业,虽然其未掌握网络内资源流动的关键路径,却可凭借网络中的地位与影响力,设计并贯彻创新研发成本分担、成果转化收益共享等契约与协调机制,以低风险与高收益优惠让利的资源共享策略吸引平台网络成员企业实现共创共享合作,并且最大程度抑制潜在的道德风险,充分发挥网络能力实现网络资源的优化配置,构建平台网络的结构洞。此时,平台网络中不占据中心位置的企业由于迫切需要通过更多网络内的协作获得共创共享收益,则其具有积极参与共创并缩短知识技术保护机制的行为策略倾向,希望自身在激励协调机制的保障中改变网络地位,构建结构洞,收获最大化的成果转化收益。因此,无论是否拥有网络中心位置,企业在中心主导型科创平台网络类型中都能够在合理的运行协调机制中改善自身短板,促进科创平台网络的发展。这类网络结构中主体应充分发挥网络强联结的协调沟通带来的便利条件,加强内外网络企业之间的沟通与协作,在频繁的交往中建立成员间信任关系,积累资源与关系,丰富结构洞数量,最终使平台成员统一目标实现平台网络创新绩效收益。

第四节　紧密共享型网络结构治理策略

在具有高网络中心度和数量丰富的结构洞的科创平台网络中,成员们依靠其在网络中强大的影响力及集聚的信息优势而紧密联结在一起。一方面网络中形成了几个关键的信息中心,具备了在网络内整合信息资源的前提条件;另一方面,具有网络中心位置的主体,具备了网络强联结的关系优势,此时的科创平台网络可以利用强联结中的主导力量促进与引导主体之间信息的传播与流转,开展深入的共创共享活动,而且在主导成员的积极引导下,恰当的激励和共享协调机制可有效解决可能由于丰富结构洞带来的信息不对称而引发的一系列不协调问题。

科创平台网络结构中的松散型由于缺乏信息集聚效应与网络中心地位主

导力量,说明嵌入平台的外部知识网络与社会关系网络仍未形成平台中发展网络运行的优势,松散型平台网络则需要寻找依靠网络优势的发展路径。松散型网络可以增加结构洞数量或加强网络中心度为突破口,晋升到信息聚积型或中心主导型网络类型,然后继续通过提升相应的网络短板,实现往紧密型平台网络的发展转变。从这样的发展路径可以看出,成员可以通过改变网络结构中的位势实现类型的突破,引导整个科创平台网络发展之路兼顾平台成员以及平台网络的社会利益。

四种科创平台网络结构中,成员以不同的关系与结构状态嵌入,资源配置与主导力量的差异性构造出不同的网络结构,同时受结构类型的限制与影响。嵌入的成员根据自身的网络关系特性采取不同的行为策略,在提升网络类型的发展过程中,实现成员个体与平台网络整体的经济与社会效益。

紧密共享型网络结构中既形成了丰富的结构洞,存在网络内信息传播转移的路径,培养了拥有强联结中介作用的网络中心地位的企业,实现了平台网络的资源优势与主导力量共同协调。在这类科创平台网络结构中,由于成员间已存在较为频繁的联结,则更易于在网络内开展有关资本股权方面合作,在创新合作与交易基础上进行更为深入且形式多样的,包括以股权融资、债权融资等方式的资本结构调整,实施价值链中自我价值为中心的实践、规范及行为,保持自身在网络中的主导地位与优势,同时追求创新平台网络的创新与技术服务宗旨,完成平台网络作为社会创新服务的责任与义务。平台网络在拥有网络中心地位及丰富结构洞的成员的主导下,利用兼顾成员个体与整体利益的创新风险与收益共担共享机制,抑制网络协作中可能的机会主义与道德风险,在不断创新网络合作中提高平台网络的创新经济收益,考虑成员的义务与权利均衡基础上,实现从面向需求的应用研发到成果转化经济效益并最终完成社会技术服务支持的科创平台网络全过程价值体现。

科创平台网络作为一种新型创新合作组织形式,当伴随着成员企业或组织的外部知识网络和社会关系网络,形成了各具特色网络结构类型,不同类型中企业的差异性行为策略,形成了差异化的发展策略(如表5-1所示)。因此,在实践中需要在识别科创平台网络结构类型的基础上,有针对性地进行结构和机制设计安排,加强平台成员之间的信息与资源交流、分享和沟通,从知识技术共创共享到最终经济效益转化的过程中,促进技术知识成果在产业与社会的螺旋扩散,从根本上降低创新实践中技术转移或知识转化的时间成本和交易成本。

表 5-1　科创平台网络结构类型特点及行为策略

平台网络结构类型	网络特点	主要行为策略
松散合作型	资源分散、成员联结关系弱	以出资、参股等方式调整资本结构进行资源配置干预;以收益鼓励优惠的激励合作机制为主,提高成员共创共享的投入,加强合作联结;培养成员企业资源整合能力和关系管理能力
信息聚积型	资源聚集、成员联结关系弱	以资源聚集成员进行资本结构调整为主,进行资源整合,促进资源流动与转化,一定范围内实现知识共享,在资本合作加强成员联结;挖掘平台网络关系中的机会,构建网络地位
中心主导型	资源分散、成员联结关系强	以网络中心成员主导的共创共享契约与协调机制为主,抑制道德风险,充分发挥网络能力构建网络结构洞,优化资源配置;利用网络关系整合资源,促进知识吸收和技术转移
紧密共享型	资源聚集、成员联结关系强	以股权融资、债权融资等方式的资本结构调整,并兼顾成员个体与平台网络整体利益的激励机制,实现平台网络的经济与社会服务的目标

本章小结

　　本章依据第四章扎根理论方法挖掘的科创平台治理的关键因素,以及系统分析的结构模型构建的因素之间的关系,为本书搭建了包括平台网络结构、网络关系和网络结点的多层次网络治理框架,为后续以科创平台主题的研究找到了突破口,并在逐个实现治理目标的基础上保障了科创平台网络协调发展目标,对其他创新类网络治理研究也具有一定的借鉴意义。

总结了科创平台的网络运行特征,选取了网络中心度和网络密度两项指标维度,划分了科创平台在不同的发展阶段与网络形态下的类型,分别是松散型、信息聚积型、中心主导型和紧密共享型四类。针对每一类型的网络嵌入的特点,提出了以实现网络资源协调共享为目标的差异化平台网络治理策略,完成了科创平台的网络结构治理研究。

第六章
科创平台网络创新绩效机理

根据第五章的扎根理论和 ISM 的分析所得到的科创平台网络治理影响因素以及"资源集聚""关系协调""平台网络特征""科技创新"为核心的强连接因素子集为科创平台网络创新绩效提升提供了理论线索,即从"科创政策"到实现"成果转化绩效"需要以平台网络运行的形式,集聚创新资源和协调成员关系开展科技创新等一系列活动作为桥梁。本章以此为线索,结合大量文献及已有的研究成果,以网络嵌入视角为切入点,通过建立多元回归方程进行实证验证模型假设,希望掌握科创平台网络提升成果转化绩效的内在规律,提高网络治理效率和绩效。

第一节　创新绩效提升的一般机理分析

推动科技成果转化是一项复杂的系统工程,需要经历"死亡之谷(Valley of Death)"和"达尔文之海(Darwinian Sea)"的考验。跨越这两个不同发展时期的困难阶段,需要克服缺乏资金、技术与创业方面的风险(Nordfors et al.,2003),科技成果在转化过程中资金投入不足(张俊芳等,2010),初创企业在初次产品化时缺乏种子资金、风险资金和战略投资的问题是阻碍成果转化绩效的主要因素,政府的相关政策对于营造创新成果转化的外部网络环境对成功实现转化也很重要(蔡跃洲,2015)。关于要素投入推动产业创新绩效变化已有一系列的研究,多数认为要素投入对创新能力或绩效存在显著的影响。

一、资金要素与创新绩效的关系

创新活动中的资金要素是最基础的保障力量,特别是对于从研发到科技成果产业化实现都对充足的资金保障提出了要求。纵观目前科创中心建设过程，高质量的科研成果很丰富，但真正转化为生产力的比例却很低，这里的原因有很多。比如进行基础科学研究的单位缺乏有效的成果转化的激励机制，大大影响了专业技术人员的积极性（蔡珍红，2012），而且科研人员擅长的方法不同，有些擅长做基础研究，有些却是专研于技术应用，因此，在科技成果转化阶段可以鼓励大量掌握市场一线信息，并且机制灵活有效的中小型科技企业加入创新过程中的技术成果转化阶段，以发挥市场导向的作用。可见中小型创新科技公司在科创中心发展过程的作用越来越重要，但中小型创新科技公司存在一些普遍的问题，在政策的鼓励和引导下，中小企业的注册资金要求都不高，而且没有雄厚的资产难以进行银行抵押贷款，因此，作为创新成果转化的主力军需要开拓更丰富的融资渠道，多渠道的资金支持，弥补了企业的资金短板后，扫除了中小型创新科技企业后顾之忧，可实现最大程度激发出创新活力，提升创新绩效。

关于资金要素的投入对创新绩效的影响研究中，大家都认可研发投入对创新绩效有积极影响，对美国"9·11"事件前后的制造业和服务业数据进行对比分析，发现研发投资能显著促进创新绩效（Ehie，2010），而依据中国的数据分析，发现 R&D 和非 R&D 投入对创新绩效都有重要影响（曹勇等，2012），并且增加内部研发投入对提高企业整体创新水平有基础性作用（张玉臣等，2013），也有研究指出这种积极的影响是需要有条件的，比如只有当组织功能得到良好整合，创新投入才能对创新绩效产生显著影响（Parthasarthy，2002）。

二、人才要素与创新绩效的关系

创新过程中离不开人才要素的投入，并且人才要素若是能在一定范围内实现集聚协作，则可以克服空间和时间上的限制，便于形成专业领域内知识的交流与碰撞，从而使人才要素的创新价值发挥得更有效。企业、区域产业集聚、创新网络形式的组织都是实现人才集聚的好途径，在这里，通过合作交流，信息互通，可以取长补短，同时，网络内频繁的知识、技术的交流大大降低了信息共享的成本，则可实现更有效的知识转移与利用，一定程度上解决了隐性知识的传播难题，实现知识溢出效应。因此，处于平台网络的创新企业，一方面能够通过人才要素的集聚效应更快、更小成本地获得各类知识与技术的资源。另一方面,一个创新平台网络,比如石墨烯产业园,聚集了同行业或同领域的创新企业,因此具有类似的知识结构或技术背景的人才通过网络形态聚集在一起,这有利于形成"你追我赶""竞争合作"的良性网络创新生态,实现从个体成长到整个群体组织,甚至是整个技术产业的创新发展,提升了研发与转化绩效。

现阶段人才要素投入对创新绩效影响的研究,通过对不同行业的调查,发现人才资本要素通过与社会资本的结合,可以显著提高新产品开发绩效(Dakhli,2004;Subramaniam, 2005;Marvel,2007;Hsu,2009;吴延兵等,2009),强化内资企业人才资本积累,可以显著提高创新绩效(成力为,2010)。

三、技术要素与创新绩效的关系

知识可以带来新科技、新工艺、新产品,因此,知识对个人、组织、企业、地区、国家都是十分重要与关键的资源,根据内生经济增长理论,新知识的投入总会使国家或地区受益,但这里需要明确一个前提,即知识的公共物品的属性,只有赋予此属性,新知识才会通过经济活动过程自动溢出到经济主体。实际经济活动中,新知识不会自动地、无约束地溢出到经济活动中,其他企业也难以获取,甚至是模仿(Barney,1991),这主要因为知识的隐性特征强于公共物品的特征。因此,知识效益需要通过有形或无形的组织促进知识的流动获取,结合知识的隐性特征,需要为隐性的传播与流转寻找有效的渠道实现。通过契约参与到科创平台的企业之间形成的平台网络就是一种可作为知识与技术转移的有效渠道,在平台内企业间交流越多,则在交流中附着的信息和知识被传播的频率与广度就越大,形成的知识共享机制的效用不断被强化,进而使企业获得显性知识,并在平台网络的交流中获得对创新更为重要的隐性知识,助力企业的技术创新(Julia L. Lin,2009)。

关于技术投入对创新绩效影响的研究中,单一依靠内部研发或外部技术获取,均不能有效提高企业创新绩效,而技术获取的内外部结合才是最有效的(Cassiman,2006;Witzeman,2006;Li,2011)。根据中国企业数据,发现技术引进对高新技术产业创新的影响时滞正在缩短,促进效果正逐渐显现(储德银等,2013)。不仅如此,因为技术要素可以通过技术革命对市场进行影响,增强成果转化的产品性能,并以低价优势开辟新的市场需求(邵云飞等,2018),因此与市场实现有效协同与沟通的技术要素可以降低在创新与转化过程中来自市场消费者和技术本身的不确定性(Mohsen et al.，2016)，实现动态性的研发与转化的技术供给(Christensen，2013)，从而成功越过创新的"达尔文之海"，获得良好的成果转化绩效。技术要素的特征引导下设置的组织结构中的研发团队人员、任务分工等更适应创新活动对灵活机制和丰富资源获取渠道的要求，技术与组织架构的协调显著影响企业创新绩效(Benner et al.，2015；Dust et al.，2014)，更好地与组织要素配合提升创新绩效(Miller et al.，2008)。

四、政策要素与创新绩效的关系

在影响创新绩效的要素投入中，政策影响也是非常重要的一项。旨在驱动创新的政策可以给企业带来更多的研发投入(Bronzini et al.，2011；Binelli et al.，2007；Kang et al.，2012)，而且可以促使企业研发人员的增加(许婧珺，2014)。但有人提出质疑，政策导向所带来的研发投入的增加是否会减少企业自身的研发投入？MS Henningsen(2014)的研究证明了政府通过政策引导的研发补助撬动了企业更多的研发投入，使政策真正起到了杠杆和催化的作用。政府政策通过刺激研发投入提高创新绩效，这个观点得到了较多学者的认同，并且有研究分别对不同的政策，包括政府的直接补助、税收优惠和政府采购对于促进研发投入的方式进行了分析，其中前两项支持政策直接增加了企业研发投入，而政府采购政策支持，则是通过采购某种科技新产品，再扩大该产品的市场需求，则可以实现从需求倒逼供给，促进研发与成果的快速转化，同时通过采购帮助新产品构建起外部效应，政府这种支持鼓励性政策是种向市场发布利好消息的信号(Takalo et al.，2010)，为研发与成果的市场转化吸引更多的社会资源，提高创新绩效(艾冰等，2008)。

创新要素投入效果的研究也存在一些分歧。在企业如果工资占研发支出较大比重，由于物价上涨的因素，政府的资助可能只能达到提高研发人员工资的效果(Goolsbee，1998；David，2000)，而无法直接影响创新绩效，因此认为政府的资助对企业创新产出作用不太显著。而与之不同的观点指出，当市场失灵时，政府资助可能激发企业增加创新投入，从而促进了对创新绩效的激励作用(闫冰，2005)。

单纯的要素丰富性只是资源的简单累加,并不等同于较高的要素利用率,只有借助协同机制,将多种创新要素之间产生交互,产生要素之间有序的自组织过程,形成超越单一要素的整体效应(陈菲琼,2011),创新活动中各类创新要素的协同性越好,越能调动各领域、各环节的积极性,从而加快创新与转化的进程,实现更强的技术积累和更多的创新产出(王萌萌,2015)。关于创新要素投入的研究中的确存在不同的结论,却很少将这个问题放在特定的环境中考察,因此,本书将创新要素放在具有网络嵌入特征的科创中心科创平台中,去验证其对提升成果转化绩效的系统性影响。

H1:包含了资金要素、人才要素、技术要素和政策要素的创新要素集聚对创新绩效有正向的影响。

第二节　创新绩效提升的中介效应分析

创新要素的投入一直以来被认为是创新活动的重要驱动力,从价值链的角度分析科技成果转化经费的投入、产学研的链接以及区域集聚化水平都对成果转化绩效的提升有显著的促进作用(刘家树等,2011),专业科研机构则多从权属、资源和意识等因素对创新绩效及成果转化进行评价(徐晓,2017),但鲜有人对这之间的影响路径进行分析研究。本节依据第三章扎根理论和 ISM 关于"资源集聚"和"关系协调"作为创新政策到提升成果转化绩效传导机制的研究结论,以实现资源集聚的资源整合能力和实现关系协调的网络能力作为中介变量探讨创新资源集聚与成果转化绩效之间的传导作用机制,以期丰富科创平台网络成果转化绩效的理论发展,为科创平台网络创新活动运营治理提供支持。

一、创新资源与资源整合能力、网络能力

根据动态能力的"资源"理论线索,组织可以依赖外部资源以取得竞争优势,也可以利用社会网络资源、合作共创资源,实现资源的互补而获得竞争优势。除此之外,若依据"资源"和"能力"的理论线索,企业的经营活动、竞争优势都是基于一系列的企业能力基础上的,这需要从网络关系中的互补性知识、信息和资源中积累获取(罗珉等,2009)。

企业之间的竞争与合作的内在驱动力则是"资源",资源分布的不均衡性,资源的差异性都促使企业通过竞争或/和合作的方式进行互换、互惠,这也是引起和维持社会交换关系的基础(Bronislan,1922)。企业在合作与竞争中构建并积累社会关系,这种"关系"的本质是带着义务和利益的,迫使互惠的驱动力是社会和群体,个体间、企业间的交换活动也是遵循社会规则的,并且同时对这些规则和准则进行了强化(Marcel,2000)。企业的资源越丰富,则合作的机会越多,同时面临的竞争压力也越大,这就促使企业需要在社会关系网络中不断地提高处理网络关系的能力,才能在高速变化的环境中利用资源机会,进一步获取高质量的资源、知识和技术。企业若缺乏有效资源则难以组织并培养出企业的网络能力,也就无法实现内部和外部资源的有效转换和利用,无法有效应对竞争,难以满足市场(Maureen et al.,2003)。只有对企业的资源加以管理,才能产生创新活动绩效的协调能力,这种协调能力包含了社会网络能力(Ho et al.,2006)。

社会网络关系是被传统的资源基础观所忽视的,因为它是由社会网络结点之间的联结所生成的一种无形资源,但重要性也已经从"社会网络""组织间竞争优势"和"关系能力"等理论视角不断地被证明。因此,社会网络关系资源补充了资源基础观,其中资金要素、人力资源、技术要素等创新要素都属于传统资源基础理论中的有形资源,而通过交换形成的网络关系则属于无形资源。

企业在获取资源和战略能力的努力是企业之间的显著区别,这进一步影响了企业的绩效(Constance et al.,1994;Vernon,1994),资源通过组织和配置可以转化为企业获利的动态能力,这有利于检验投资效果,有利于更好地梳理组织层面的动态能力和绩效之间的关系(Yasemin et al.,2005)。在实践中拥有相似发展基础和管理战略的企业却得到截然不同的企业经营结果,主要原因在于企业发挥动态能力下所配置的资源增加量的差异。根据资源基础观的理论,企业是资源的结合体(Jay,1986;Birger,1984),可见资源对于企业竞争发展十分重要,但是仅有资源是远远不够的,而是需要利用资源,通过交换积累关系、提升能力、构建关系网络、实现资源的整合或配置。资源是能力的基础(Grant,1991),能力是企业竞争优势的主要源泉,其中资源是企业拥有或控制的要素存量,而能力是通过管理组织企业经营活动配置资源以实现目标,企业资源作为能力的载体,企业能力是资源集成的成果(余吉安,2009)。在社会资本书中,静止、孤立的情况下,资源对企业没有真实的价值,只有基于资源观和能力观提出的,将资源嵌入企业所拥有的网络关系中,并通过建立企业间关系,以及利益相关者间关系获取的资源,形成的能力对企业有价值(周小虎等,2004;陈爽英等,2010;边燕杰等,2000;陈劲等,2001)。可见,社会联系发展得越多,获得的资源越多,集成配置资源的能力也越强(Nan,1999),基于"资源—能力"本质的联系,企业的创新要素作为企业的一种资源,势必会对企业一系列能力的形成发挥着基础载体的作用,资源要素越丰富越有利于企业构建自己的核心能力。

因此,企业能力是企业运用资源要素进行社会产品生产时形成的企业势能,企业能力不是与生俱来的,是通过资源的积累与应用过程中积累而成的。资源可以有很多表现形式,如资本、人才、品牌、关系等各项投入要素,而企业能力则是为完成一项任务而应用资源时所具有的能量总称,在科创平台中企业完成成果转化则需要资源整合能力及网络能力。

基于以上,本章提出以下假设:

H2(a):平台创新资源集聚有利于提高资源整合能力。

H2(b):平台创新资源集聚有利于提高网络能力。

二、资源整合能力和网络能力的中介作用

创新活动离不开各类创新要素的投入,而投入的效果与效率并不是创新要素本身决定的,而是需要一系列有组织的活动,凭借资源整合的能力落实投入活动的要素使用,进而提高创新绩效。拥有资源整合能力的组织在创新活动中更好地控制与管理市场的不确定性,更具有努力迎接挑战的实力,更易于抓住机会,实现创新目标。资源整合能力能够把握资源之间的显性和隐性的联系,实现在战略领域的资源优化配置,这赋予了企业在突破资源限制窘境的机遇,创造出"意料之外的卓越成果"。当企业面对需要快速开发来应对市场时,资源整合能力能够使企业成为资源的"拼凑者"(Senyard et al.,2015),通过充分利用现有的资源即兴拼凑整合,以高效的研发与成果转化实现市场响应的零拖延。企业在对专利技术资源进行整合过程中,被注入新的知识和技术,自身的

技术升级也得到加速,企业内部的研发效率、创新能力、技术转化能力都得到提高。

知识已成为企业提高创新能力实现竞争优势的最关键资源,这不仅需要内部的努力积累,同时需要外部资源的补充,合理利用新知识,形成一个内外交融的动态推动机制。因此,通过科创平台网络嵌入获得外部网络资源是企业获得互补性、异质性资源并进行资源整合配置的重要渠道(吴绍玉等,2016),将之转化为企业独特的优势与能力,这种能力是企业获得核心知识与技术并形成竞争优势的关键(马海涛等,2012)。由于企业固有的能力陷阱问题阻碍了企业整合资源能力,这极大程度上限制了企业通过网络获取资源创造更多益处的机会,一旦这个桎梏被突破,企业的资源整合能力被激发,将从创新平台网络资源中获得比竞争者更多的益处(党兴华等,2013),在对资源与任务进行优化配置的过程中实现技术知识的流转,从而对平台网络创新绩效产生影响(Perks et al.,2011)。

H3(a):企业资源整合能力是平台创新资源集聚实现成果转化绩效提升的主要途径。

在科创平台中由于网络嵌入使企业与平台内其他成员,包括企业、高校、政府机构的联系变得更紧密和频繁,这些关系的联结是企业获得丰富异质性资源的渠道,但同时也需处理更为复杂的外部创新环境,此时企业具有的网络能力则关系到企业创新资源的整合以及企业间协调与合作的创新效率(Ritter et al.,2002)。不具备网络能力的企业是很难发现嵌入网络后的意义,也就发现不了嵌入后的网络结构变化所带来的有价值的创新机会和驱动力(Kristian et al.,2005)。企业的网络能力越强,合作关系的接触面则更广,能够完成更为丰富的交易(Gulati,1995),保障企业的外部网络的价值挖掘优势(Bonner et al.,2005),构建出更有利企业创新网络结构关系,以撬动企业的创新禀赋,实现创新绩效的提升。

网络能力高的企业其网络位置更趋于中心,有利于获得更丰富的网络关系(De-Nooy et al.,2005)。而中心区域信息资源的聚集度高、转移共享程度高,这需要企业对非重复资源信息的获取中控制力(Burt,2004),识别网络中的结构性竞争机会,通过与创新伙伴的频繁交流,建立起相互信任的关系,对复杂的科技成果市场化的产品和活动进行创新(简兆权等,2014),在这种信任双赢的网络关系中更利于从不同的伙伴中搜寻到更丰富的异质性资源。可见,良好的网络配置能力能够对网络资源与关系结构进行最有利于企业创新活动的组织与安排,并且通过强大的占位能力获取网络位置。丰富的非冗余知识资源有利于改善企业内部的创新工艺和过程,提高科技成果应用性试验的成功率,大大缩短成果中试的时间和成本,保证了高水平成果转化绩效。

H3(b):企业网络能力是平台创新资源集聚实现成果转化绩效提升的主要途径。

综上所述,本节的中介效应的理论模型如图6-1所示。

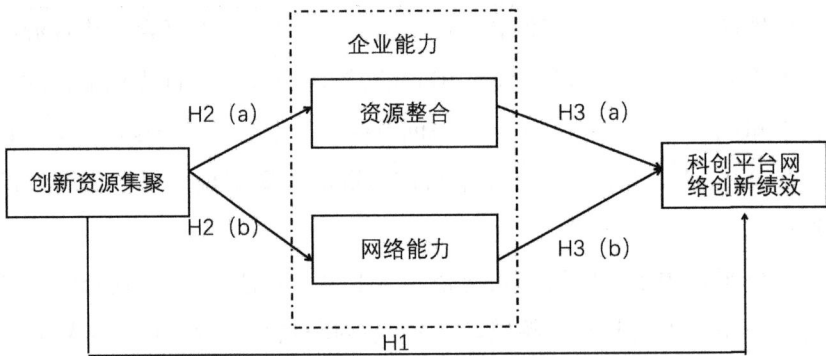

图6-1 科创平台成果转化绩效中介效应的概念模型

第三节 创新绩效提升的调节效应分析

网络嵌入对组织行为和绩效的影响已经被很多研究证实了,但是影响的机制尚不明确,也就是影响途径和影响效果没有得到验证。本节试图从以下几个角度揭开网络嵌入对创新绩效影响机制的神秘面纱:①网络嵌入是否是影响成果转化绩效的主效应因素,即两者之间是否存在直接的影响效应;②网络嵌入是否是通过调节效应对成果转化绩效产生影响的,因此,本节从几个角度对可能存在的调节效应进行了假设验证,包括了对创新要素与资源整合能力/网络能力之间关系的调节效应、资源整合/网络能力与成果转化绩效关系的调节效应、创新要素与成果转化绩效关系之间的调节效应,据此,提出了以下一系列的理论假设。

一、网络嵌入与创新绩效

（一）网络嵌入对创新绩效的正面影响

已有诸多研究指出，网络嵌入影响着企业的行为和绩效（Powell et al.，1996；Walker et al.，1997）。由网络嵌入形成的企业间网络提供了便利的企业获得资源和能力的渠道，即被描述的"网络资源"（Gulati et al.，1999）。在丰富的合作关系中，企业凭借合作伙伴的多元化和知识资源的非冗余性，为创新提供异质性知识（Rodan et al.，2004），网络伙伴的强联结有助于复杂知识的转移（吴晓波，2005），提供全方位的互补性的创新支持，在这个网络中，创新合作关系越多，越有利于创新绩效（Shan，1994），而这个网络关系质量的高低正向影响着企业创新绩效（吴晓波等，2011）。

网络嵌入对创新绩效存在积极作用（Powell et al.，1996；Ahuja，2000；Owen-Smith and Powell，2004），但网络的不同位置会影响获得的网络资源的数量，对网络资源的整合能力也存在差异，因此网络嵌入对创新绩效的影响也存在差异（Baum et al.，2000；Rothaermel，2001）。占据越靠近网络中心的位置，从"非市场性（Nonmarket）机制"中掌握不同于市场的交换体系（Uzzi，1996），越容易从资源中获得超额回报（Tsai，2001；李元旭，2009），并在网络联结形成信任、承诺、共享，以获得更多的隐性知识（Timmons et al.，2004），而且知识领域的组织间联系是能够促进知识转移的（Uzzi，2003），网络联系的强度越强，越有助于知识的转移（曹兴，2010），有助于构建起网络内企业间共同解决问题的机制，促进获取资源的利用率（杨震宁等，2004），降低机会主义行为的概率，更好地促进创新。若在网络中拥有较高的中心度，则更容易控制多重的信息渠道与信息源，形成异质性的信息组合（Dougherty and Hardy，1996），为解决有关设计和生产问题提供重要资源（Ibarra，1993）。

网络嵌入后拥有丰富的替代资源选择，能够寻找到新的创新资源，调整创新方向，形成了外部环境变化对创新活动影响的缓冲，降低了成果转化的失败。网络嵌入后企业提高从外部获取信息的能力（Bøllingtoft，2012），与原来相互隔离的企业簇群产生联系，能够掌握更多网络结构洞的控制权，实现对知识转移的选择、知识转移的流向,实现与伙伴之间的最优合作关系之"非冗余关系"(Burt,2013),这种异质性资源可以为企业提供更多的创新要素组合选择(解学梅,2010),从而引发更多的多样化创新活动(Larcker,2013)。企业的网络关系强度描述了企业管理控制网络伙伴间关系的能力,与合作伙伴间保持着紧密的合作关系,更有益于企业创新的跨越式发展(Kreiser,et al.,2011),这种合作协作关系为科技成果转化提供了多渠道的信息,包括市场信息、技术需求信息、设施设备共享信息等,这些都可以为科技成果转化提供更稳定的支持。

企业间的间接联系就如企业在网络内的触角,有助于打破企业的认知限制,监控网络内的动态(Salman,2005),使企业更早获得领域内研发的进展,以及相关前景技术路线、成功的经验和失败的教训等消息,并且经过间接联系筛选过的消息,可以更精确地进入企业的视线(Gulati,1995),这是创新的一种宝贵的无形资产(Salman,2005)。无论企业在网络内是强关系还是弱关系,只要拥有基于网络建立起来的信任关系,就能在信息、搜寻和交易等经济性活动中获得价值(Carney,1998),并且使企业在面对外部环境变化时可以灵活地调整战略,而生产性的社会资本(Productive Social Capital)在网络中的社会联结达到一定的密度后得以形成,以此孵化出促进经济生产绩效的制度。作为一种互惠性投入的专用性资产投资(Williamson,1983),在基于信任的网络合作中,锁定了双方的合作承诺,从而减少了机会主义的行为。

占据结构洞的企业主要获得信息和控制两方面的利益,信息利益主要表现在企业对通过结构洞获取的非冗余性信息的整合,从多元化的信息源中把握潜在的机遇,或者规避可能的风险;控制利益则来源于对以上信息转移方向与渠道的控制,以信息配置的主动权获得更多网络回报,提高绩效水平(万良勇等,2014)。通过异质性的网络联结,不仅可以从差异化的信息领域中筛选整合,还可对潜在的交易伙伴的资质,对机会与威胁有更清晰的认识,从而提高了创新的成功率(Uzzi,1997)。

(二)网络嵌入对创新绩效的负面影响

Uzzi(1997)指出,嵌入对网络的影响有积极的也有消极的,其中强关系与紧密联结的网络有利于信任的建立和互惠环境的形成,从而实现网络成员间的合作与支持,同时,规范和共享期望也同样限制了成员的自由(Portes,1998),

抑制了网络的活跃性。因为关系嵌入被认为是相对于市场有更多的交换机会的系统,表现为交换网络成员之间的信任、承诺、优质信息共享和共同解决问题(Uzzi,1997)。适度的关系嵌入可以提高资源获取的质量,但是表现为企业过度依赖社会网络资源的过度嵌入,则会夸大网络关系中的信任、承诺和共享关系。过度嵌入的网络关系造成网络中企业产生对伙伴的过度信任,进而作出为表达对彼此关系的高度评估的非理性承诺(Matt Grimes,2010),甚至产生投机性行为的倾向(DeBresson Christian,1999),这不仅增加企业的认知成本(Batjargal and Liu,2004),还会导致企业的过度自信而高估自身能力、低估风险(Anderson,2002)而形成对获取网络资源过程的错误判断(杨震宁,2013)。

　　社会网络的关系嵌入过度是指企业过度地依赖社会网络资源而夸大在网络利用中的信任、承诺和信息共享关系,对此状况有一种形象的比喻,身陷"盘丝洞"不能自拔,并夸大了在网络中信任、承诺和信息共享的关系,产生了过度信任、非理性承诺和过度紧密的关系等一系列组织认知偏差,产生了"组织心智过程中结构化的规则对经济理论的限制"(DeBresson Christian,1999),从而降低了网络嵌入的组织获取资源的质量,从而影响创新绩效。

　　企业在识别与获得外部资源过程中过度相信合作伙伴的行为策略能为自己带来的利益(Jim et al.,2009),影响了自身的认知局限和有限理性行为,难以看清交易秩序背后的市场实质(Markus et al.,2009),使企业的认知成本陡增(Batjargal et al.,2004)。注重彼此承诺的企业间合作关系有利于建立为长期共同目标共同努力发展机制(Cummings,2003),但共同目标的合理性与可行性很大程度上取决于合作企业的认知与能力,若存在非理性承诺将试图建立起一种能解决非预期性问题的伙伴关系,这种非理性的目标体系往往存在短期目标与长期目标的不协调问题(Kuratko,2001),极易诱导企业产生投机性行为的倾向(DeBresson Christian,1999)。在过度紧密的网络关系中,企业过于频繁的接触易形成组织间的高阶纽带,从而投入过多的时间和精力(David et al.,2010),并且过度紧密的关系会阻断非冗余信息获取的便利渠道,而过多的重复信息,也影响了网络中的企业投机行为的正确判断(Hult,2001),这些都会最终影响创新绩效。

　　从社会资本的核心概念出发,网络中企业间互利互惠、相互信任的关系所产生的价值是企业从网络获利的来源(Putnam et al.，2000)，但是这种从互惠关系中获利的规律往往只使关系网络的内部人员获利，对外部效应而言却并不有益。通过研究发现，随着网络内两个企业共享的网络联结关系增多，导致了企业间同质化的发展，从而降低了企业识别外部资源的敏锐性(石军伟，2010)，而且在紧密的强联结中潜意识里模仿了其他企业的行为。虽然企业在发展初期，通过在广泛的网络中的学习与追随，有利于企业在一定时期内在交易环节获得便利，可以快速地进入发展通道，但一味地追随模仿只会使企业停留在中低端层面的发展，从而对外部资源获取他们的管理能力、投资风格也会趋于相似(Fracassi et al.，2012)，导致了同质化发展，进而出现产能过剩而无法创新。并且，企业的网络化发展具有显著的路径依赖特征，极易产生"嵌入惰性"(Gulati，1998；Maurer et al.，2006)，而一旦进入了嵌入惰性，也即突破了网络嵌入的边际约束，则企业间往往面临着惯性的重复交易，冗余信息激增等问题，也使企业需要增加专用性投资，才能维持和提升网络关系强度，但也增加了企业间机会主义行为的风险(Williamson，1971)。网络关系强度高具有增进信任与合作的积极作用，一旦管理不当，则会滋生搭便车和投机行为(Granoveter，1985；Scott，2007)，同时需要提防道德风险、代理问题和逆向选择问题(李德辉，2017)。

随着网络嵌入的深入，网络内的信息共享机制更为广泛，企业成员参与决策的程度也更深入(Kreps et al.，1999)，使网络内企业成员之间的利益捆绑关联性更大，体现为"荣辱与共"的特征，这使企业需要占用企业大量的精力进行协调(Lorenzoni et al.，1995)，提高了关系建立与维护的成本，导致网络嵌入带来的净收益降低。

在一个联盟组合中，企业与多个伙伴保持联盟关系时，则形成了一个联盟组合(alliance portfolio)，在联盟组织中，拥有较高网络地位的企业通过构建和控制结构洞，可以获得更多的信息优势和控制优势，但需付出损失网络地位和绩效的代价，因为，控制越多的结构洞则必然需要架空越多的伙伴关系，因此，高网络地位的企业会考虑在一定条件下减少对结构洞的构建和控制(张光曦，2013)，确保网络结构的平衡。在高密度网络中，企业可以通过与其他主体近距离地连接迅速获取信息，整合知识，促进创新活动，硅谷成功的创新机制正是由密集网络为其提供持续的动力(安纳利·萨克森宁,1999)。同时有研究表明,在高密度网络中,企业间容易形成固定的交易与合作伙伴,可能造成一定程度上的封闭,这将大大减少获得异质性知识与资源的机会,则进一步削弱企业学习能力和动力。高密度的网络中形成企业间过度紧密的关系,影响网络传播的顺畅,从而使"擦边球"的行为增多,降低网络的稳定性和质量(Dominic S. K. Lim et al.,2010),造成企业资源获取和利用能力损失。

综上所述,网络嵌入与创新绩效关系的研究的结论都有所不同。一些学者认为较高的网络中心度、丰富的网络合作关系数量和网络成员之间较强的网络联系,都可以提高创新能力和创新绩效(Tsai,2001;Shan et al.,1994;吴波等,2005);另一些学者却认为,结构洞数量过高,保证了信息非重复性但也影响了网络联系沟通的必要的便捷性,最终阻碍了知识在网络的转移与共享,对创新绩效产生负面影响(Ahuja,2000)。

基于以上分析,提出以下假设:

H4:网络嵌入与科创平台网络创新绩效成倒 U 型关系。

二、网络嵌入的调节作用

(一)网络嵌入对中介效应的调节作用

1. 网络嵌入对资源与中介变量关系的调节作用

创新要素的投入有利于企业获得持续的竞争优势,但这种积极的影响并不是单纯地依靠投入,企业的绩效很大程度上取决于创新要素的利用率,特别是要素中的研发资金要素的投资利用率,而如何选择研发合作伙伴对于提高创新效率至关重要(Hottenrott,2016)。网络嵌入行为与网络能力的发挥决定了企业所处的网络结构,从而进一步影响了企业寻找合作伙伴的效果。

科创平台中旨在转化最新的科技成果,要对产品设计、生产工艺、市场需求等全方位的设计,更需要拥有对相关内外部资源的吸收、同化、利用、转移的一系列能力(Patel et al.,1997)。这种能力要求企业改变甚至是摒弃原有的认知和组织外部资源的模式,利用网络嵌入关系网络打破内部约束,塑造柔性化的组织结构,将众多分散的外部信息资源整合利用(程德俊等,2004),融合互补资源,形成内外部资源、有形无形资源之间的复杂互动(曹红军等,2011),将外部资源经过吸收、同化后纳入自身资源结构体系中,促进知识技术的螺旋式发展(Wassmer,et al.,2011),弥补技术短板,消除"木桶效应"(Cohen,1990),推动企业进阶新的技术平台(Ahuja,2000),为创新成果转化提供持续的资源供给,实现成果的经济与社会价值的双重价值。网络嵌入可以给企业带来更敏锐的市场嗅觉(Bonner et al.,2005),能够在外部网络中遴选出更有价值的知识资源,促进创新战略的实现。平台中的知识密集工作者若可以通过网络嵌入跨越组织边界、物流屏障或垂直层次的联系,能够为其特殊的知识型工作带来独特信息和多重视角(Cross,2004),而且通过网络嵌入获得的异质性知识对创新活动的影响比管理水平对其的影响更大(Rodan,2004),跨越组织边界的知识共享增强了网络的整体知识水平,使其获得比外部企业更强的竞争优势(Pardo,2001),提供了获得有价值资源的路径。因此,网络嵌入有利于创新集聚,从而为企业提高资源整合能力提供了更好的发展基础。

网络嵌入为网络成员提供了一种从中获得资源、结构性利益和社会资源的中间机制(Moran,2005),但由于成员紧密的嵌入在网络中,则其行为必然受到网络嵌入效果的影响(Granovetter,1985)。企业之间借助网络可以组合与融合异质性、互补性知识提高创新能力(Owen Smith and Powell,2004),而且网络内的企业更多地是借助关系或网络结构共同创新知识价值,并且网络成员之间的关系质量与关系结构直接决定了知识创新能力的提高(杨虹等,2008)。网络嵌入可以改善知识转移难的问题,根据知识溢出理论的研究,嵌入性是网络内部组织间合作和交互活动的重要力量。形成网络后的成员之间的联系不仅可以避免低效甚至冲突的联系,还能通过建立的信任完成合作,在高质量的合作中,提高网络成员间的相互理解,则可以实现更高效的知识转移的动机和能力(Julia et al.,2009),加速科创平台集聚的创新资源,促进企业资源整合能力提升的转化。

最后,结合上一节中对网络嵌入存在的"过度嵌入"而可能造成的负面影响,提出以下假设:

H5(a):网络嵌入对创新要素与资源整合关系起到 U 形的调节作用。

在科创平台中积极地进行关系管理,企业能够在网络中捕获、整合、转换优质的互补性资源,但企业所处不同的网络嵌入环境,其资源的数量与质量、资源的分布结构也会有较大的差异,不同的网络结构会激发出企业不同水平的网络能力。企业关系管理是一种高层次的整体战略能力,通过认识和理解企业的外部网络环境,掌握其发展及演化过程,有利于企业在网络中抓住战略机会(Holmen et al.,2003),因此,网络能力与企业拥有的创新机会和资源成正比。对网络中创新机会保持着较高的敏感度(Bonner et al.,2005),企业可以通过网络嵌入性获得更多优质的网络合作关系与资源。企业的网络能力是关系能力的一种体现,这种能力高的企业可以通过拥有的丰富关系网获取资源,更好地协调关系中的资源。网络嵌入带来的关系多样化为企业提供了多样化的能力和资源,同时,网络能力的高低也影响了嵌入后获得关系的协调程度,从而决定了资源的质量,因此,网络能力的杠杆作用在一定程度上是由网络环境决定(Loeser,1999)的,体现了网络嵌入对创新资源与网络能力关系的调节作用。

网络嵌入中的关系嵌入性和结构嵌入性是 Granovetter 的经典概念,其中关系嵌入包括了互动频率、关系时间、亲密程度和互惠性等四个概念结构,结构嵌入性常用联结强度、网络规模、网络中心度、网络结构洞、网络密度等进行描述,为了数据获取的便捷性和研究的可操作,一般取用网络中心度、网络密度和网络结构洞作为变量指标(详见第二章的中概念界定)。其中网络关系嵌入的概念源于西方也应用流行于西方,对于中国企业的网络关系嵌入可能会存在不适应之处,特别是在西方关系中网络中的“结点”之间的关系独立个体间的关系,有着平等的权利和义务。但关系嵌入在中国式的交往中,身份认同和关系的类型都影响着网络中主体的行为策略以及行为结果,从而使网络呈现出“差序格局”的特征(费孝通,1998),使中国的社会网络形态呈现出“公私群己的相对性”特征,即网络中的成员在任何一个关系圈里,向内看可以说是公,是群,向外看则是私,是己,因此在网络关系嵌入中,在一定范围内,成员的公私界限是模糊的,这使网络成员企业对已嵌入的关系中的资源更方便地获取,而且建立在角色认同基础上的网络关系嵌入(罗家德,2007),更易于形成超越经济往来范畴的亲密关系和相互信任(Krackhardt,1992)。一旦网络成员企业之间形成紧密关系会影响企业的战略和行为策略的选择(Gilliland et al.,2002),网络伙伴之间的支持和协助行为也会增多,在频繁且广泛的沟通中,形成了多样化的沟通渠道,包括正式的和非正式的。在拥有了信任作为伙伴间信息共享与沟通的先决条件的基础上(Sahay,2003),在遵循网络伙伴知道互惠是交易关系的基石的基础上(Gundlach et al.,1995),一些机密的、敏感的信息也时有分享(Ganesan,1994),而且相信双方为了长期的共同目标是不会泄密,也不会做出损己的行为(Morgan et al.,1994;Li et al.,2011)。企业的网络关系嵌入不仅收获了丰富的非重复性信息资源,还建立了一种温和的、非强制性的合作模式,在这种情感氛围里,网络企业之间的关系更容易被影响和塑造,在关系处理与维系中逐渐提高了企业关系构建、管理与利用的能力。因此,网络关系嵌入在丰富企业创新要素资源的同时,营造出来的合作模式,为企业开展关系管理提供了物质基础和情感环境。

结构嵌入性,描述的是网络成员在网络中的位置和地位,以及网络内两个或两个以上成员与第三方之间的关系所构成的社会结构特征(Granovetter,1985)。其中网络中心度描述了企业在网络中的位置和重要程度,并且代表了企业与外部联结的丰富程度,因此,中心度越高的企业能获得资源的丰富度就越高(Baun,2000),而网络位置则可能进一步筛选信息资源,能过滤掉一些重复的、冗余的、无价值的信息,提高企业处理信息的效率和企业识别网络机会准确度。企业利用网络中心度带来的网络位置优势,挑选合适的合作伙伴,积极在合作中获取互补性的知识和技能,弥补企业内部能力的不足(王燕梅,2006),提高企业的网络能力,为创新活动提供丰富的资源。当企业能够从占据结构洞中获得信息和控制两方面的利益时,此时企业犹如手握调配网络内资源流转渠道的"尚方宝剑",可以通过利用调配资源流向来达到网络构建、管理和利用的目的。最后,结合上一节中对网络嵌入存在的"过度嵌入"而可能造成的负面影响,提出以下假设:

H5(b):网络嵌入对创新要素与网络能力关系起倒 U 形的调节作用。

2. 网络嵌入对中介变量与绩效关系的调节作用

为了讨论企业资源整合能力和网络能力与成果转化绩效之间的关系是否受网络嵌入的调节,本书追溯企业动态能力与绩效之间的关系是否受环境影响谈起。关于企业动态能力是否有助于构建企业的竞争优势的讨论,学术界一直有两种观念,一种是肯定,一种是否定。两种观点阵营都认为只有难以被复制和学习的能力才能成为企业的竞争优势(Teec et al.,1997),因此,一方的观点认为企业动态能力中包含的隐性知识和技能是难以被他人学习和模仿的，这保护了企业的动态能力的排他性，使其他企业无法通过模仿或复制获得，则这种能力能够为企业获取竞争优势并提升绩效。而另一方的观点主要强调了资源的重要性，认为企业的竞争优势和绩效提升只取决于企业所拥有资源，而动态能力是一种组织学习的机制，既然是一种机制，是可以被复制的，因此就无法建立企业的竞争优势及绩效提升（Eisehardt et al.，2000）。这种相对立的观点，随着动态能力理论的发展，发现动态能力对企业绩效的影响在不同情境下是不同的，企业所处环境的动态性很可能就是一个很重要的外部情境指标。回到成果转化绩效的问题上，企业为了实现创新目标，积极地从外部网络中获取有价值的资源，而快速变化的外部环境对企业来讲是有危机的，企业在整合与协商内部和外部资源和能力时，需要充分了解外部网络环境，为了适应外部环境，企业会调整自己的行为策略，而这种由外部性原因引起的企业行为的改变，最终会对平台成果转化绩效产生影响（Powell，1996）。当企业处于稳定的环境时，企业现有的资源与能力足以处理遇到的结构性的问题，但是，如果是在不确定性、动态的环境内，环境的快速变化会使现有的资源与能力贬值甚至是失去时效性（Achrol，1991）。其实，动态环境往往是企业发展的大好时间，把握住机会，在动态环境中实现绩效提升。因此，情境因素是会影响企业动态能力对企业绩效的作用程度的，即网络嵌入情境因素对两者关系存在调节效应。

企业开展资源整合和网络关系管理等一系列针对企业所处关系及内外部资源整合的活动，网络嵌入作为平台创新网络的一项外部环境指标，它的动态变化同样会影响企业采取行为策略时发挥资源整合能力和网络能力与成果转化绩效之间关系，结合上一节中对网络嵌入存在的"过度嵌入"而可能造成的负面影响的分析，提出以下假设：

H5（c）：网络嵌入对资源整合能力与创新绩效的关系起倒 U 形的调节作用。

H5（d）：网络嵌入对网络能力与创新绩效的关系起倒 U 形的调节作用。

（二）网络嵌入对主效应的调节作用

根据资源依赖观点，企业是资源的集合体（Das, et al.，2000），其拥有的战略资源的质量、数量及使用效率决定了企业的持续竞争优势，由于存在发展路径与环境的不同,企业难以完全拥有发展所需要的所有资源,因此,借助网络形态的发展可实现资源的共享与互补。科技成果转化所涉及的资源要素众多,其中包括资本、人才、技术、政策等一系列资源的协调配合,而且在目前精细社会分工的市场环境中,一项实验室成果最终成为满足市场需求的产品的过程需要多元化资源与合作,并且需要经过一个从理论成果到市场成品的多阶段周期,每个阶段对资源的需求都是不一样的,企业创新活动中所拥有的创新要素资源若是一成不变的,那么对于企业创新活动的促进与帮助效应则是递减的。因此,创新企业在进行科技成果转化活动过程需要得到与发展阶段所需求的资源相适应的、不断更新的资源,这与企业在创新网络中所处的网络位置和控制的资源渠道相关。网络中心度高使企业拥有重要的网络地位,网络中很多信息流动都会经过该企业;网络密度越大,则伙伴关系越紧密,越有利于调配资源,但需要考虑网络密度增大的同时可能会导致获得非冗余性优质资源的结构洞减少,此时需要平衡好两个指标的综合影响;网络关系强度越强,越容易与伙伴间形成信任、承诺、共享与共同解决问题的亲密关系,有助于企业对自我与伙伴的战略发展有清晰的认识,并在网络关系兼顾两者的利益进行资源的配置。综上所述,网络嵌入作为调节变量,通过网络结构与关系的构建,影响创新要素的网络内调配,充分调动要素的利用率,促进成果转化绩效的提高。同时,由于存在如上一节中所分析的网络嵌入中"过度嵌入"可能对成果转化绩效可能造成的负面影响,因此,本书认为网络嵌入程度并不是越高越好。综上所述,提出以下假设:

H5(e):网络嵌入对创新要素与成果转化绩效关系起调节作用。

基于以上的研究假设,构建关于调节效应的概念模型,如图 6-2 所示。

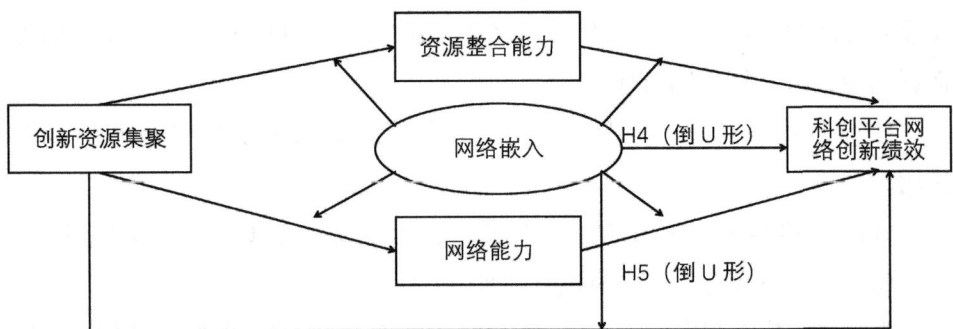

图 6-2　科创平台网络创新绩效网络嵌入调节效应概念模型

本章小结

本章根据第三章中系统分析结构模型 ISM 方法所揭示的以"关系协调""平台网络特征""科技创新"为核心的强连接因素子集是从"科创政策"到实现"成果转化绩效"提升的有效途径,构建了创新要素、创新绩效、资源整合能力、网络能力以及网络嵌入之间的关系机制构念模型,并提出了相关的理论假设。以创新要素对创新绩效的正向影响为主效应,分别讨论了资源整合能力和网络能力对中介的效应,并从科创平台网络化运行特点的视角,分析了网络嵌入对上述主效应和中介效应的调节效应。据此,本书构建了科创平台网络创新绩效实证研究中的三个构念模型。

首先提出科创平台网络创新绩效提升的一般机理分析,即构建了由资金要素、人才要素、技术要素和政策要素组成的创新资源要素正向影响平台网络创新绩效的概念模型,基于此基本模型并结合第三章提出的科创平台网络治理强连接因素子集,将科创平台网络治理中的关系协调因素纳入考查,提出以资源整合能力和网络能力为中介变量的创新资源与创新绩效的中介效应模型。依据平台网络绩效提升内在机理完成对科创平台网络治理中创新活动运营的治理。然后紧扣网络嵌入的治理因素,采用网络中心度、网络密度和网络关系强度三个维度分析了网络嵌入对平台网络创新绩效的影响。结合文献分析,提出了网络嵌入对创新绩效倒 U 形影响的假设,同时针对网络嵌入对创新绩效提升的内在机理机制三大阶段的调节效应进行了分析,包括了创新要素—创新绩效主效应关系、创新要素—资源整合能力—创新绩效、创新要素—网络能力—创新绩效包括了资源整合及关系管理中介变量的关系机制,基于文献梳理和理论推导,提出了网络嵌入对以上五个关系的倒 U 形调节作用的理论假设,完成了模型对科创平台网络治理的关系协调治理。

第七章
实证设计与研究

本章在第五章关于科创平台网络创新绩效实证研究的理论模型基础上进行数理实证研究,主要包括调查研究对象的确定、变量的设置与测度、问卷的设计和数据的收集分析。其中调查问卷量表的开发与设计中关于成果转化绩效的量表为新开发量表,其他则是借鉴现有的成熟量表。在对样本来源和数据进行分析的基础上,通过构建多层次回归模型进行实证分析,再对具有中介变量的模型进行回归分析的方法有二阶段回归和三阶段回归法,不同的文献对两种方法的评判不一样。本书采用了最新的两阶段法,并利用 Ohio 州立大学的海耶斯开发的软件 process 进行了分析。

第一节 量表设计开发与样本选择

本章主要选择发达地区的科技创新公司作为本书的被调查对象,对企业的科技成果转化绩效的可能影响要素进行了实证分析。本章对采取的研究方法在具体设计与实施过程中的问卷的设计原则和流程进行了说明,为了数据的真实性,对问卷设计的可靠性进行了详细说明。研究对所用的样本数据收集计划与实施情况进行了介绍,对收集的样本数据情况进行了分类说明。本书构念模型中的变量测量所采用的问卷量表以成熟量表为主,对于目前尚无合适量表可借鉴的"科技成果转化绩效"测量量表,通过调研访谈,应用扎根理论的编码方法,提炼出科技成果转化绩效的四大评价重点,以此为基础开发了旨在解决科创中心科技成果转化绩效测评难题的新量表。

一、问卷设计

问卷调查法,通常简称为"问卷法",是管理学定量分析中使用得最为广泛的方法,科学、合理地运用问卷法可以快速有效并且低成本地搜集数据(谢家林,2012),而且本书的研究对象为科创平台的创新企业的网络结构、网络能力、资源整合能力及成果转化绩效等,其中涉及的很多数据无法从公开的客观资料中直接获取,因此采用问卷调查法适合本书的研究特点。

(一)问卷的设计流程

本书问卷设计工作主要根据谢家林(2012)关于问卷设计的建议,依照严格、规范的流程开展问卷的设计工作,具体流程步骤描述如下。

(1)理论思辨,形成初稿。通过阅读大量有关创新成果转化、网络结构、资源整合能力、网络能力等领域的文献,在梳理和分析中借鉴被学术界广泛认可的理论和成熟的问卷量表,结合有针对性的园区调研访谈,比如上海石墨烯功能型平台、临港科技城、紫竹经济开发区,并在课题组范围内开展逻辑思辨,对测量题项进行了初步设计,形成本书调查研究的问卷初稿。

(2)专家访谈,修改问卷。在发放问卷前,首先将问卷分别发送给一位校内创新创业领域的专家、一位上海市某功能型平台的参建者和一位著名咨询公司的专业人员,请他们提出了有关问卷设计逻辑、测量维度和题项措辞等方面的不足之处,并给出了具体详细的修改意见。综合各领域专家建议的基础上对问卷进行了修改。

(3)问卷预测,完善题项。在正式问卷发出之前,进行了小规模的预测,进行小样本调查对象进行问卷测试的目的是对问卷的各方面进行评估,包括题项的内容与措辞,前后顺序以及整体布局的安排,题项的可做性以及专业术语注释的有效性等方面。将经专家评审修改后的问卷,以问卷星的形式发送至上海南汇、嘉定的创新产业园区,邀请中高层管理人员填写问卷,收回43份有效问卷。以此数据进行问卷预测,然后根据问卷填写情况和反馈的相关信息以及预测数据情况对问卷进行调整,最终形成此次调查的问卷终稿。形成终稿的问卷在介绍项目与致谢的开场白后,主要由五部分组成,一是企业基本信息,包括企业名称(可选项,非必选项)、公司年龄、所在地区及行业领域、产权信息以及加入创新平台情况等,这类数据作为本书的控制变量;二是创新要素,分别从资金、人力、技术和政策四方面的测度内容;三是资源整合,主要从知识吸收能力和技术扩散能力两个角度进行测度;四是网络能力,分别从网络识别、网络建构、网络管理和网络利用四方面进行考察;五是成果转化绩效,对功能型平台中企业借助平台资源后的成果转化过程中的经济效益和社会效益两方面进行测量。

(二)问卷可靠性说明

本书采用的调查问卷的方法需要基于被调查者的主观评价,因此,为了尽量提高被调查者在回答问卷题项时的准确性和客观性,本书的调查问卷采用的是李克特五级量表进行测量,虽然五级量表是成熟的量表设计方法,但仍可能会影响被调查者做出不准确的回答,针对可能存在的原因(Fowler,2013),本书采取了一些措施进行预防和解决。

(1)设定调查对象。本问卷是关于企业在进行科技创新过程中创新成果转化的调查,如果不在相关领域工作很有可能不清楚所要回答的问题,则会对调查造成不利的影响。因此,本书问卷的发放对象限定在熟悉科创中心建设以及有关科创平台政策的,并且选择熟悉企业情况的企业中高层管理人员完成问卷填写工作。这样不仅保证了被调查者对问卷的认知清楚程度,还降低了回收无效问卷的情况。

(2)限定事件时效。被调查者的经历与对所要回答的问题相隔时间越长,记忆则越模糊,极易对问卷效果产生不利影响,因此,问卷的被调查者都要求是在职的人员,最大程度减少对问题记忆模糊产生的负面影响。

(3)明确调查目的。在调查过程中有些被调查者出于某些因素的考虑而不愿回答问卷中的某些题项,为了避免此类问题,首先在问卷开卷语中明确告知此问卷仅用于学术研究,列明了项目编号和名称,并承诺对所有相关数据信息进行保密处理。并且,为了鼓励受邀的被调查者参与问卷的积极性以提高网络调查问卷的回复率,问卷的开卷语中特别提示"如果对本书成果感兴趣可留下具体联系方式,研究结束后将以寄送最终研究报告的方式与其分享本书结果"(Sauemann 和 Roach,2013)。

(4)注释专业术语。由于从业人员与理论研究人员的语境存在差异,为了兼顾理论研究的严谨性和具体工作的通俗性,尽可能地减少因被调查者难以理解所要回答的问题产生的不利影响,在问卷设计过程中进行深入的文献系统性阅读和分析,尽量使用成熟问卷,在问卷中出现的专业名词加注解释,尽量在保持研究的专业严谨性基础上减少问卷题项的误解。

二、样本分析

在问卷设计完成后,数据收集的工作随即开始了。数据收集主要包括两个阶段,预测试与正式收集检验。为了提高收集的问卷数据的准确性与可靠性,尽可能避免可能会影响样本数据质量的因素,在问卷发放区域、发放对象以及发放途径等方面进行了合理的安排与控制。

首先,确定调研对象。由于研究主题聚焦于科创平台科技成果转化绩效的影响要素与关系机制,因此,本次调查以创新型中小型企业为主要研究对象,并且有关企业组织层面研究中的问卷调查通常需要企业中高层管理人员填制问卷(Lavie et al., 2012)。然后安排问卷发放途径,一般问卷发放主要通过互联网和邮寄或当面进行纸质问卷。互联网在线调查的执行成本较低,并且对资源依赖少,数据回收快捷(Plewa et al., 2013)。目前"问卷星"是一套成熟的在线调查系统,依靠覆盖率极高的微信社交平台,可利用被调查者的碎片时间,具有问卷发放精准、填制方便、回收迅速等特点,因此本次调查首选"问卷星"系统通过互联网进行问卷调查。根据经验,充分利用和调动各种人际关系渠道,以电话、见面等直接联系的方式邀请被调查者填写问卷,这样可以大大提高网络问卷调查的回复率和样本质量(Sauermann et al., 2013)。本书调研过程中,充分挖掘同学、同事、老师等资源渠道,分别联系了上海嘉定、南汇、宝山、临港、紫竹等科创园区,其中包括了上海科创中心的一些科创平台中的企业。在网络发放问卷的基础上,同时辅以面对面填制电子版或纸质问卷。在发放地域方面的控制,本书将被调查对象主要限定在长三角和珠三角等沿海发达地区,希望降低不同地区经济社会发展水平差异对统计分析的影响。

本书调查问卷在 2021 年 5 月至 10 月期间,通过上述的发放渠道收集样本数据,共回收样本 196 份,剔除答题不完整与不认真的问卷,最后剩下 171 份有效问卷。本书从企业性质、行业分布、地域分布、企业年龄四个方面对样本进行描述,分别见图7-1、图7-2、图7-3。本次调研的企业中民营企业占54%,是占比最高的企业类型,外资企业占24%,国有企业占12%,合资企业占7%,而其他类型(包括了国有控股和独资)占3%。

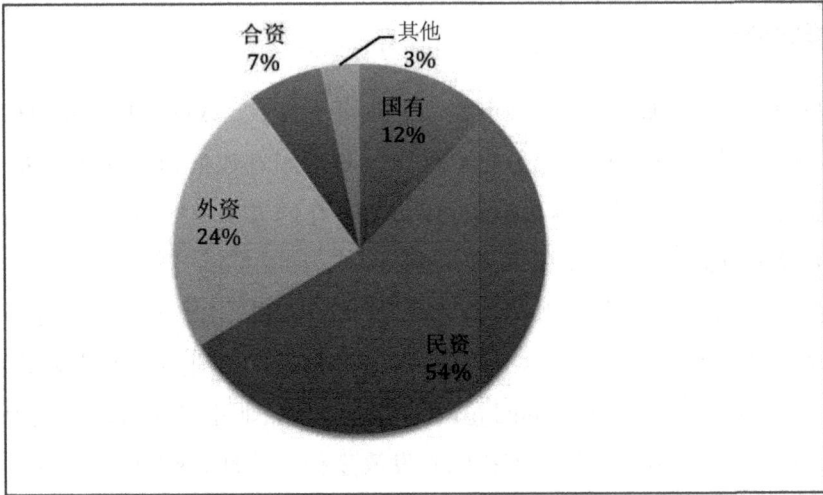

图7-1　调研样本企业性质信息分布图

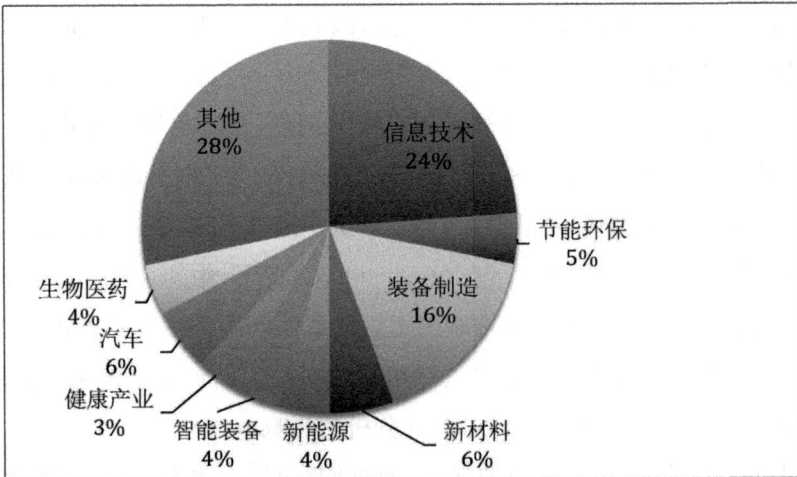

图7-2　调研样本所属行业分布图

被调查的企业所在行业领域的选项中主要列举了信息技术、节能环保、装备制造、新材料、新能源、智能装备、健康产业、汽车、生物医药以及其他,其中信息技术和其他类型占比最高,分别为 24% 和 28%。分析选择"其他"选项的样本,发现主要有制造业、农牧业、咨询业。

被调查企业的地域分布情况来看,上海占比最高,为 60%,江苏和浙江分别占 15% 和 2%,剩下的就是其他选项 23%。具体分析"其他"选项发现,广东企业在总体样本中占 9%,其余被调查企业则主要来自北京、西安等地。

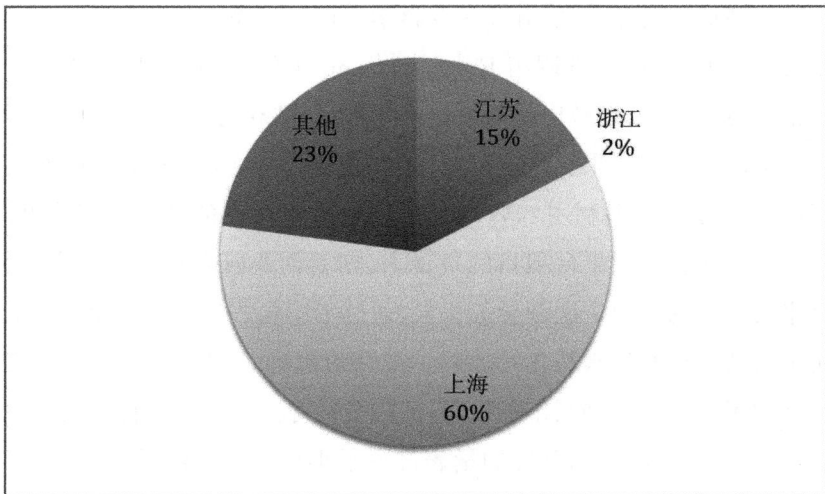

图 7-3 调研样本地区分布图

第二节 变量测度

通过分析总结以往相关研究文献,该部分对本书中涉及的自变量、因变量、中介变量、调节变量以及控制变量的定义和测量方法进行阐述。本书所涉及的变量包括创新要素(资金要素、人力要素、技术要素和政策要素)、成果转化绩效、资源整合(知识吸收、技术扩散)、网络能力(网络识别、网络建构、网络管理、网络利用)以及公司所处行业、公司规模等控制变量。由于上述变量基本上都难以用客观数据进行测度,因此,本书采用李克特五级量表打分法进行测量。

在问卷题项中"1-5"的分值分别表示从"完全符合"到"完全不符合"逐渐降低。例如,1="完全符合",5="完全不符合"。

一、成果转化绩效

科创平台网络作为旨在科技成果产业化的网络组织,与一般创新网络一样属于介于市场组织和科层组织之间的网络组织,这里的成果转化活动多属于创新价值链的中间环节,因此对其的测评难以采用价值链终端的新产品市场收益数据进行单一测评,而是需要针对科创平台,特别是在研发与转化功能型平台模式下的创新成果转化绩效,开发一套科学合理的量表。

本书使用 Python 语言调用 Request,lxml 组件编写了网络爬虫,为避免无效的消息,选取上海市政府新闻发布网为起点,共获得有关"科创中心""功能型平台""创新体系""成果转化示范区""创新创业"等政策文件以及政府通告相关文章共 135 篇。本书利用 NVivo12 软件对政策文件的文本进行编码,并拜访了研发与转化功能型平台项目的负责人、创新创业研究领域的专家学者、与功能型平台相关的企业中层领导等 4 人,通过半结构式的访谈向他们收集了政策设定平台功能以及成果转化绩效的一般评价标准。据此本书将对政策文件范畴化技术引领、成本导向、市场机制、社会责任等四个成果转化绩效的评价指标,共设计了 9 个题项。新开发的量表进行了小规模的预测后,再进行调整修正,最终形成了一套关于科创平台网络成果转化绩效测评量表,如表 7-1所示。

表 7-1 科技成果转化绩效量表题项

评价重点	关键词	题 项
技术引领	开发新产品	在同技术领域中,科创平台的产品新颖,可填补市场空白
	创新工艺技术	在同技术领域中,科创平台的工艺技术属于一流前列
成本导向	转化效率高	在同技术领域中,在产品创新方面的成功率更高
	中试周期短	在同技术领域中,从基础成果到产品的中试周期更短
	中试成本低	在同技术领域中,从基础成果到产品的中试成本更低

（续表）

评价重点	关键词	题　项
市场机制	快速市场反应	在同技术领域中,我们平台处理市场反馈更迅速,技术更新更快
	市场反馈机制	在同技术领域中,我们平台拥有新的发明/技术专利/工艺创新更多
社会责任	产业集群发展	在同技术领域中,我们平台对产业集群化发展的贡献更大
	技术转移共享	在同技术领域中,我们平台产品科技含量高,能让人们认识新技术

二、创新资源

集聚创新资源是形成产业竞争优势、提升创新绩效的关键性举措,依靠平台集聚资源为企业成果转化活动提供了丰富的创新资源池,因此,作为本书概念模型的主效应分析中的自变量,需要对其进行深入的讨论。

关于创新资源要素的构成,现有的研究成果中并没有对其进行统一的界定,多是从不同角度对创新要素构成进行了讨论。表7-2对目前有关创新要素的构成分析进行了简单的汇总。

表7-2　创新要素测量维度分类

分析的角度	构成的类别	构成的内容	参考文献
从系统与环境	主体要素	大学、科研机构、企业等	许庆瑞等,2005
	资源要素	知识信息、人才、资金等	
	环境要素	内部创新环境的软硬件,以及外部创新网络环境等	
从直接和间接角度	直接要素	技术、人力资本和资金	朱苑秋等,2007
	间接要素	基础设施、社会环境和宏观政策	

（续表）

分析的角度	构成的类别	构成的内容	参考文献
从结构和功能角度	主体要素	创新活动的出发者、实施者和完成者	欧庭高等，2006
	支撑要素	有创新需求却缺乏创新能力的组织，在参与创新活动过程以不同方式为创新的实施提供保障	
	市场要素	包括消费者、企业、政府、中介组织、金融机构、大学与科研机构等	

资料来源：根据李培楠（2013）整理改编。

纵观创新资源要素的构成分析中，虽然有不同的分类视角与标准，但在各种分类中，都可见资金、人才、技术和外部支撑的重要构成。因此，本书从资金要素、技术要素、人才要素和政策要素等四大要素构成，对科创平台的成果转化绩效的影响进行验证。

（1）资金要素。企业的技术创新资金包括内部研发与转化活动的投入，也包括了通过平台网络，与其他伙伴企业进行的研发与转化合作活动的投入。企业的资金基础雄厚则可以保障用于研发创新与成果转化资金的可获得性，同时与企业的技术要素配合，若能够降低科技成果转化过程中重要的中试阶段的成本，也可以有效地促进企业进行转化活动的积极性。

资金投入与创新要素的关系研究中，产业层面（Muller，1966；Koeller，1995）和企业层面（Garner，2002；孙维峰等，2013）都验证了，无论传统产业还是新兴产业，创新研发支出与创新绩效都有显著正向影响，但不同行业的创新研发投入与创新绩效的显著程度有所不同（Hu et al.，2004）。

（2）人才要素。众所周知，人才是科技强国的关键因素，也是一切产业中最具能动性的要素。任何产业和企业的技术创新和应用等与科技有关的发展，最终都需要落实到个体，因此，从事科技活动人员数量和学历、职称是创新活动的基础投入，同时，高质量的创新决策、高效的人力资本管理、有效的科技人员激励机制等管理策略则是充分发挥人力资本的重要保障。

从公司层面（Chen，2006；张炜，2007；邹艳，2009）和产业层面（Hsu

et al.，2009)进行人力资本与创新绩效的研究,得到了显著关系的结论,人力资本可能有效激发创新能力,通过新知识与技术的转移与应用产生外部效应(Nelson et al.，1996),高素质人力资本更有利于全面掌握技术,并在工作中充分运用,从而提高了企业的创新绩效(Hurwitz et al.，2002),而且有研究证明了人力资本在成果转化阶段对产业创新绩效产生显著正向影响(李培楠,2013)。

(3) 技术要素。针对创新活动,企业创新活动的技术要素包含了多方面,包括了科研人员掌握技术的程度,学习新知识的能力,也包括了企业所从事的科技领域本身具有的先进程度,以及通过平台网络的组织形态创新活动企业获取外部技术的效率等。其中技术获取提高了产品开发与技术成果转化的速度,降低了研发成本(Kessler et al.，2000),并且国外技术的引入可以提高创新效率(冯峰等,2011)。

(4) 政策要素。政府往往拥有在科技创新活动中主导地位,政府的职能与创新政策直接影响着企业创新活动的成败。政府对科创平台企业的影响可以表现为:直接给产业或企业提供创新活动的资金资助,进而影响着创新活动(王一卉,2013),但当创新环境和条件存在差异时,政府的补贴和资助对创新绩效的影响也会发生变化。另外,政府也可采取税收、鼓励政策等间接的引导和激励方式来提高创新绩效。

三、资源整合

资源整合是企业为提高创新绩效在获取多样性的知识和资源基础之上,为了能够有效吸收利用并转化为自身能够充分有效利用的知识,需要将其进行重新组合,这就要求企业具有较强的资源整合能力。对于企业这种资源整合能力的测度,董宝定、葛宝山(2014)提出了测量整合过程的测量方法,并结合 Ge 和 Dong(2008)及马鸿佳(2008)的研究结果,将资源整合能力分解为 4 项指标来测度资源识别和资源获取过程,具体为资源识别、资源获取、资源配置和资源利用等。Tsai 和 Ghoshal(1998)在进行资源整合作为社会资本和价值创造的中介作用的研究时,使用了一套开放式问题,这些问题是从资源整合的过程视角设计而来。Wiklund 和 Shepherd(2009)开发设计了一套由 6 个题项组成的量表对资源整合、并购、联盟与绩效之间关系的调节效应进行验证。

　　从目前的研究来看,对于资源整合的测度仍未形成普适性的方法和意见,因此,需要从研究对象运作特点出发,细化能力,寻找合适的成熟的测试量表。在科创平台中企业需要根据技术特点,在积极调动自有资源与能力外,从所在的创新网络平台中去识别、学习、吸收与转化应用自有资源中缺乏的,在研发与转化过程中却需要甚至是亟须的知识与技能,并且通过发挥在网络中的扩散能力将知识、技术等资源实现在网络中的共享。因此,本书紧紧围绕科创平台发展的特征与需求,将企业的资源整合分列为知识吸收与技术扩散两部分进行测量。

　　知识吸收是指公司具有识别新知识,并吸收它,将其应用于商业活动为目的的能力,这项能力内涵中包含了获取、吸纳、转化和利用的能力。本书借鉴Flatten(2011)关于吸收能力的量表,由 14 个题项组成,分别包含了对知识获取能力、知识吸纳能力、知识转化能力和知识开发能力四个部分的测度。具体测量题项和依据文献如表 7 - 3 所示。

表 7 - 3　知识吸收能力量表题项

测量题项	参考文献
寻找行业相关信息是公司的日常工作	Flatten et al., 2011
公司鼓励员工利用行业内的信息资源	
公司期望员工跳出行业限制处理信息	
公司跨部门进行观点和概念的沟通	
公司强调跨部门支持解决问题	
公司存在快速的信息流动	
公司定期召开跨部门会议进行新进展、新问题、新成就的交流	
公司员工具有构建和利用知识集的能力	
公司员工习惯吸收新知识,并将之服务于未来的目标	
公司员工能将新知识与已有知识进行联结	
公司员工能将新知识应用于实际工作	
公司支持原型开发	
公司经常反思和调整技术以适应新知识	
公司有能力通过所获得的新技术实现更有效的工作	

资料来源:根据 Flatten 等(2011)整理编制。

创新平台网络内的企业利用所吸收控制的资源和内化后培育的能力,形成与外部环境相匹配的资源和能力,并结合技术扩散,将内化后的知识资源进行外部转移、共享。扩散能力是企业在合适的时间能够向有需要的网络成员转移知识的意愿和能力。其中知识共享的意愿与能力发挥着重要的作用,知识共享是一项特别重要的研发团队的知识活动,这种活动为创新团队活动提供了阐述和评价知识的渠道与平台,并借此探索出新的创新思路和创造出高效的解决方案(Haas 和 Hansen,2009;Hippel et al.,2003),知识共享是团队成员之间知识转移的底层逻辑,有助于转移的实现(Jackson et al.,2006),因此,本书将资源整合的技术转移从知识共享和合作转移两方面设计量表题项。

本书关于知识共享能力的量表借鉴 Chang(2016)的成熟量表,具体测量题项和依据文献如表 7-4 所示。

表 7-4　知识共享量表题项

测量题项	参考文献
我们团队成员之间会共享专业知识和技术	Cf. Haas & Hansen,2009;Hippel et al.,2003;Jackson et al.,2006;Chang,2016
如果获得有助于实现团队目标的专业知识,团队成员会告诉其他成员	
团队成员之间不存在有关技术信息、知识的交流	
更多知识渊博的团队成员为其他队员提供难以发现的知识或专用技能	
团队成员之间会提出大量与工作有关的建议	
在团队会议期间有大量建设性的讨论	
团队成员提供他们的经验和知识帮助其他成员寻找解决问题的方法	

资料来源:根据 Cf. Haas & Hansen(2009)等整理改编。

合作转移主要从转移意愿、转移能力和转移渠道等方面来体现,本书对于合作转移的量表主要借鉴 Argote(2013)、Lee(2010)以及徐笑君(2010)的研究成果和成熟量表,与上述 7 个知识共享能力的题项一起作为资源整合能力中的技术转移能力的测量题项。具体题项和依据文献如表 7-5 所示。

表 7-5 技术转移量表题项

量表题项	参考文献
我们总能以一种适当的方法向合作伙伴表达想法	Argote,2013;Lee, 2010;徐笑君,2010
面临新方案决策时我们能迅速与平台伙伴达成默契	
我们与合作伙伴有频繁的、面对面的讨论会	

资料来源:根据 Argote(2013)等整理改编。

四、网络能力

科创平台以一种开放式创新模式将企业融入由自身及关系伙伴形成的外部知识网络之中,这种开放式的创新模式给平台内企业带来了多样化与异质化的资源,提供了更多的创新机会,同时企业也面临着外部知识网络建设的挑战。如何规划、利用和发展企业嵌入网络所形成的网络位置和网络关系,这是对企业在面对新的外部环境与关系时提出的新的能力要求。

平台网络内企业面对的是开放式创新下异质性多元化的创新主体,组织间复杂的隐性知识转移,则企业应如何培养与测度处理外部网络能力需要通过剖析外部知识网络能力的结构体系和内部构成与处理机制。

(一)科创平台网络模式下的挑战

企业从自主封闭式创新走向开放式平台网络创新的过程中面临着一系列的平衡发展的挑战与决策。①知识自有与共享的平衡。企业掌握绝对核心关键知识技术可获较强的市场竞争力,从外部网络进行的知识搜索与共享是实现网络外部性效应的有效手段,可见企业从战略上来看,绝对控制知识技术避免泄密与完全依赖外部网络知识共享的便利都是优劣共存的策略,偏颇任一面都无益于真正获得平台网络创新的优势。科创平台往往关注于某个创新领域,平台中集聚了该创新领域中的各个应用行业,平台成员应用同样的创新技术,却差异于技术的工艺应用等。因此,平台网络中的企业需要在完全知识自有自足与完全转移共享之间找到平衡。②资源丰富性与非冗余性的平衡。平台网络内的企业都具有网络嵌入的特征，为网络带来了丰富的资源，由于科创平台具有行业特征，则平台企业之间形成的网络资源不可避免地具有重复冗余性。而处理大量重复冗余的资源信息会耗费企业大量的精力与成本，因此，企业有必要在保证资源多样性的同时减少重复，实现在丰富资源与非冗余性信息的动态平衡。③知识流向多样性的平衡。平台网络中的企业首先会进行大量的内部知识流转，同时与外部网络之间也保持着较频繁的知识转移，这种利用由内向外和由外向内以及耦合的多样性知识流向，形成丰富却又复杂的创新网络关系沟通渠道。平台网络内的企业在知识的输入输出中需要平衡多流程知识流转的平衡。④网络关系紧密与疏松的平衡。平台网络中企业需要在定位自身网络位置的同时识别其他企业之间的网络联系，在构建外部网络过程中平衡关系的紧密性与疏松性、强联系与弱联系、直接与间接联结。

（二）企业网络能力的构成维度

企业在网络形态内所遇挑战的应对之道即是需要在网络形态内培养能力。而网络的动态性导致了嵌入网络后的主体也在不断地变化，因此，对于以网络关系管理为核心的网络能力的维度划分同样需要以动态的视角。基于行为过程的视角，网络能力应涵盖从意图到行为的一系列有计划行为（任胜钢，2014），包括但不限于对信息的感知、搜索以及开发利用有价值资源的活动（Man, et al., 2002）。解决上文中分析的所遇挑战，重点在于明确企业自身平台创新网络中的目标基础上，识别所在网络资源的特性与作用，洞悉平台网络伙伴之间动态关系的调配，定位网络的中心与中介的位置，掌握网络内沟通渠道的分布。可见，企业在评价所处的创新网络现状后，通过规划、占据、利用、剖析和拓展（王海花，2012）网络中的结构洞，依据"编织"布局的网络结构洞构建网络内部与外部的知识网链，提高网络非冗余性知识的利用与转移效率，充分挖掘与利用平台网络给予的资源优势。基于此，本书将平台网络内企业的关系管理策略细分为网络识别、网络构建、网络管理与网络利用等四个维度的系列动态策略。

（三）企业网络能力测量子维度

企业关系管理策略的四个维度描述了企业在发展开放式网络创新模式的不同过程阶段，其中网络识别是指企业在主动构建和利用网络关系的主观意愿,并且在日常活动中经常进行互惠活动,具有强烈的同理心,通过人情往来保持长期合作的意识(Su et al.,2008),拥有网络意愿的主体更倾向于关系资本化,从而能更好地感知和识别嵌入网络后活动中有价值的资源(任胜刚,2014)。包含了确立平台网络价值和预测网络发展方向,以及探寻平台网络中机会,因此,网络识别维度测量主要借鉴了 Ozgen(2007)、Su(2008),Moller et al.(2005)、邢小强等(2006)、方刚(2008)等的研究,设计了"能够理解外部知识网络的构建和演化方向""重视网络关系在商业活动中的作用"和"能够开发和利用加入外部知识网络后的机会"等三个题项。网络构建则是在网络识别指引下规划网络发展的蓝图,并在制定的发展关系网络的目标下,确定与网络成员之间的关系,并在网络关系中调配联结模式,并且积极寻找潜在的合作伙伴并形成了良好的沟通模式。Bonner 等(2005)、Liu 等(2008)、郝生宾等(2009)、方刚(2008)、Ritter et al.(2002)和 Gilsing et al.(2008)的测量思路,用三个题项测度企业的网络建构活动,分别为"能够根据需要来制定发展关系网络的目标""积极地通过各种商业活动寻找潜在的合作伙伴"和"常以正式或非正式的形式与合作伙伴沟通"。网络管理是对已构建完成的网络关系进行解构分析,在形成的网络关系中识别关键的知识转移渠道,明确非冗余知识资源的转移渠道与特点,维护网络资源,稳定平台网络成员关系,必要时对不适宜的网络关系进行调整甚至重建。并借鉴 Peng 等(2000)和 Ruef 等(2002)的研究,用三个题项考察,分别为"优化网络中的各种关系组合""妥善处理与合作伙伴之间的冲突"和"持续性地深化和改善与合作伙伴的关系"。最后也是最为重要的网络利用则是优化各种网络关系,策略性地选择阶段性合作伙伴,利用网络获取知识、技术、信息等创新资源利益,并且掌握网络关系协调过程的主导优势。借鉴Ritter et al.(2002),Walter et al.(2006)张丹宁等(2012)的研究,用三个题项测度企业的网络利用,分别是"能够成为其他合作伙伴间的沟通桥梁""能够找到合适的合作伙伴弥补自身不足"和"能够及时准确的获得合作伙伴的协助",如表7-6所示。

表 7 - 6　网络能力量表题项

量表题项	参考文献
网络识别	
我们能够理解外部知识网络的构建和演化方向	Ozgen，2007；Su，2008；
我们非常重视网络关系在商业活动中的作用	Moller et al.，2005；邢
我们能够开发和利用加入外部知识网络后的机会	小强等，2006；方刚，2008
网络建构	
我们能够根据需要来制定发展关系网络的目标	Bonner et al.，2005；
	Liu et al.，200；
我们积极地通过各种商业活动寻找潜在的合作伙伴	郝生宾等，2009；
	方刚，2008；Ritter et al.，
与我们常以正式或非正式的形式与合作伙伴沟通	2002；Gilsing et al.，2008
网络管理	
我们能够优化网络中的各种关系组合	Peng et al.，2000；
我们能妥善处理与合作伙伴之间的冲突	Ruef et al.，2002
我们根据经验持续性地深化和改善与合作伙伴的关系	
网络利用	
我们能够成为其他合作伙伴间的沟通桥梁	Ritter et al.，2002；
我们能够找到合适的合作伙伴弥补自身不足	Walter et al.，2006；
我们能够及时准确地获得合作伙伴的协助	张丹宁等，2012

资料来源：根据 Ozgen（2007）等整理改编。

五、网络嵌入

嵌入式关系理论最早由 Granovetter 提出，认为经济活动是被嵌入人类社会结构中的，社会网络中的嵌入关系可以分为结构性嵌入和关系性嵌入。其中结构性嵌入是指企业在创新网络中所处的位置特征，通常用网络中心度和网络密度进行衡量，而关系性嵌入是用来刻画创新网络中一个企业与其他企业间联系的密切程度和信任程度，一般采用连接强度进行衡量。

Holton（1992）的新经济社会学被誉为西方经济与社会关系的三大视角之

一,他提出了个体和组织的经济行为是通过嵌入被社会关系定位的,而嵌入分为关系性嵌入和结构性嵌入(Granovetter,1992),企业成员之间的互动形成一种非正式的网络,并受其影响。结构性嵌入指企业在创新网络中所处的位置特征,通过用描述网络结构全貌的网络密度和描述网络结构聚集效应的网络中心度进行衡量与测度;关系性嵌入则是侧重衡量创新网络中一个企业与其他企业间的信任程度和亲密度,通常采用描述网络内企业居员之间的连接强度进行测度。

针对网络密度、网络中心度和网络关系强度有关量表进行搜索和分析,为了保证研究的信度和效度,本书对此三类量表选择成熟并被广泛应用的量表,并根据预调查的分析结果,对量表进行修正及整合。

网络密度(network density)是指网络中成员之间的关联完整程度,被认为是公司响应力的决定因素,这影响着网络成员之间沟通便利和信息流效率(Clodia et al.,2009)。网络密度是刻画整体网络的指标,从全网视角描述了网络中各个主体之间关系的密切程度,更为直观地从全局的视角体现出网络主体之间的组合关系。网络密度与网络结构洞是一对可以相互代替的指标,一般认为网络密度越大则网络内结构洞越少,网络密度越小则网络拥有越丰富的结构洞。该指标主要参考了王晓娟(2007)、Caner(2017)、李文博等(2008)、彭新敏(2009)、郑海涛(2010)、王玉等(2017)关于网络密度的量表,如表7-7。

表7-7 网络密度量表题项

测量题项	参考文献
与同行企业相比,我们和上游供应商合作关系更密切	王晓娟(2007);Caner
与同行企业相比,我们和下游客户合作关系更密切	(20017);李文博等
与同行企业相比,我们和高校或科研机构合作关系更密切	(2008);彭新敏(2009);
与同行企业相比,我们和中介组织合作关系更密切	郑海涛(2010);王玉等,2016

资料米源:根据土土等(2016)整理编制。

网络中心度则是对结点在网络中的中心位置程度进行测度,是对关系网络主体的三种能力的权衡,分别包括控制其他关系主体的能力、资源获取能力以及不被其他关系主体所控制的能力(刘军,2004),随着中心度的提升可实现成员在网络中的影响力,越高的中心度说明其结合了越多网络伙伴的互联性,而这种成员之间的关联需要以整体网络联合创新绩效为目标的关系治理。本书综合借鉴了龙静(2016)、李文博等(2008)和邬爱其(2007)等学者关于网络中心度的测度指标,经过描述文字的适应性修改后形成了本书关于科创平台网络中心度的量表题项,如表7-8。

表7-8　网络中心度量表题项

测量题项	参考文献
我们在当地或行业内属于知名企业	龙静,2016;谢振东,2007
科创平台中多数企业与我们存在合作行为	
我们可以通过科创平台中的其他企业或组织快速获取信息	
在创新网络内发生知识或技术联系时,更多地经过我公司	王玉等,2016;李文博等,2008;邬爱其,2007;Fu et al.,2006;Klein et al.,2004
很多创新合作伙伴成员希望由我们提供技术支持或建议	
与同行企业相比,创新合作伙伴成员很容易和我们建立合作关系	
当需要技术合作时,创新合作伙伴成员首先会与我们建立合作关系	

资料来源:根据龙静(2016)、李文博等(2008)和邬爱其(2007)等整理编制。

　　网络中的企业通常被视为一个结点,网络关系强度则关注结点间的连接强弱程度,如果网络结点之间存在较高频率的交易,则一般认为结点之间存在强的网络连接,交易频率较低则认为构成了网络弱连接。网络关系强度量表题项见表7-9。

表7-9　网络关系强度量表题项

测量题项	参考文献
我们与创新伙伴之间的交流频繁	朱晓琴,2011;陈勇星等,2012;Park S H et al.,2001
在与创新伙伴的合作中我们投入了大量的资源	
我们与重要的创新伙伴之间相互信任	
我们与创新伙伴的合作是一种双赢的关系	

资料来源:根据朱晓琴(2011)等整理编制。

六、控制变量

除了以上所列的解释变量之外,还有一些控制变量可能对被解释变量产生影响,也就是说还有一些显著的外生变量会影响科创平台的企业成果转化绩效,影响创新成果转化的因素众多,比如产权、规模、市场等因素都发挥着重要作用(王斌等,2015),因此,本书将以上因素作为控制变量。

企业规模。一般认为企业规模越大,企业的规模效应越显著,企业投入创新活动的资金、人力等资源越充足,这对于提高科技成果转化的绩效是有利条件,则成果转化绩效就越高(Lee et al.,2001)。

所属行业。不同的行业有不同的进入门槛,特别是在技术水平方面的要求存在较大的差异。比如,生物制药领域企业的设备、人才、技术学习与应用能力较一般制药企业要求要高,甚至产业附属的提供配套支持的边缘企业的技术要求也随着提高,因此,不同行业的创新绩效水平在进入市场时就不在一个起跑线上。另外,以发展的眼光来看,在不同的经济、社会发展阶段会重点扶持发展某些行业,因此,行业的创新方面的科技成果转化内在驱动力是有差异的,因此,本书将行业作为控制变量。

产权因素。除了所属行业外,企业性质也对科技成果转化绩效有不同的影响。一般认为国有企业更易得到国家的政策扶持,则从外部资源效应角度讲,国企对科技成果转化的支持会更全面,更易于提高转化绩效。而对于中小企业而言,体制灵活进入创新平台组织更便捷,拥有灵敏的市场嗅觉,能准确把握市场需求,成果转化的成功率较高。

第三节　数据分析与结果

一、信度与效度

(一)效度分析

1. 关于创新资源量表的效度检测

在本书中,采用因子分析法对多指标项的潜变量进行效度测试。在对资金要素、人才要素、技术要素和政策要素以及进行因子提取之前,先进行样本充分性检验,即 KMO(Kaiser-Meyer-Olykin)测试系统检测和巴特莱特球体检验(Bartlett Test of Spherieity),判断是否可以进行因子分析。一般认为,KMO 在 0.9 以上表示非常适合;0.8~0.9 表示很适合;0.7~0.8 表示适合;0.6~0.7 表示很勉强;0.5~0.6 表示不太适合;0.5 以下表示不适合(马庆国,2002)。巴特莱特球体检验的统计值显著性概率小于等于显著性水平时,可以作因子分析。在此基础上,采用主成分分析法提取因子,并按照方差法进行因子旋转,将特征值大于 1 作为因子提取标准。当指标项的因子荷载值都大于 0.5,而且累积解释方差的比例大于 50%,说明该多指标项的潜变量符合结构效度的要求。

按照上述步骤,自变量创新要素的维度有四个,分别是资金要素、人才要素、技术要素和政策要素,这四个要素的题项分别是 3 项、4 项、4 项和 3 项。将 14 个题项分两阶段提取公因子作为创新要素。第一阶段对四个维度分别提取公因子。结果如表 7-10 所示。从表中可以看到,四个维度的球形检验表明四个维度的数据都适合进行因子分析;四个维度都含有一个公因子,这个公因子能够分别解释题项的 51.804%、71.144%、67.592% 和 85.201%。量表具有显著的效度。

表 7-10 创新要素的四个维度的因子分析表

创新要素维度	KMO 和 Bartlett 的检验	题项数	提取公因子数	解释的总方差	成分矩阵
资金要素	0.609 ***	3	1	51.804%	0.747
					0.747
					0.662
人才要素	0.813 ***	4	1	71.144%	0.859
					0.852
					0.848
					0.814
技术要素	0.762 ***	4	1	67.592%	0.865
					0.863
					0.838
					0.713

（续表）

创新要素维度	KMO 和 Bartlett 的检验	题项数	提取公因子数	解释的总方差	成分矩阵
政策要素	0.718 ***	3	1	85.201%	0.951
					0.935
					0.881

注：* 表示 $P<0.1$，** 表示 $P<0.05$，*** 表示 $P<0.01$，下同。

第二个阶段再对四个维度提取因子，结果如表 7-11。表 7-11 的球形检验结果表明，创新要素的四个维度的因子分析的结果适合进一步进行因子分析，因子分析结果表明，四个维度可以提取一个公因子，这个公因子可以命名为创新要素。

表 7-11　创新要素的因子分析表

KMO 和 Bartlett 的检验	题项数	提取公因子数	解释的总方差	成分矩阵
0.709 ***	4	1	68.843%	0.902
				0.820
				0.797
				0.795

为了证明上述方法的稳健性，将四个维度的因子分析结果进行平均后与四个维度因子分析后的第二阶段因子分析结果进行相关性分析，结果如表 7-12。

表 7-12 表明两种方法的相关性极高。两种方法的结果没有区别。用因子分析的方法将四个维度聚合成一个变量具有稳健性。

表 7-12　因子分析与平均数的相关性分析表

	四要素的因子分析	四要素的平均
四要素的因子分析	1	
四要素的平均	1 ***	1

2. 关于资源整合量表的效度检测

同样按照上述分析步骤,对资源整合量表进行效度检测,结果如表 7 - 13 所示。

表 7 - 13　资源整合能力的效度检测结果

变量	变量维度	KMO 和 Bartlett 的检验	题项数	提取公因子数	总方差	成分矩阵
资源整合	知识吸收	0.927 ***	13	1	62.484%	0.728
						0.670
						0.752
						0.728
						0.798
						0.751
						0.841
						0.863
						0.882
						0.815
						0.743
						0.843
	技术扩散	0.908 ***	10	1	63.27%	0.795
						0.819
						0.832
						0.813
						0.836
						0.552
						0.785
						0.835
						0.826
资源整合		0.5 ***	2	1	93.511%	0.967
						0.967

3. 关于网络能力量表的效度检测

同样按照上述分析步骤,对网络能力量表进行效度检测,结果如表 7 - 14 所示。

表 7 - 14　网络能力的效度检测结果

变量	变量维度	KMO 和 Bartlett 的检验	题项数	提取公因子数	总方差	成分矩阵
网络能力	网络识别	0.740 ***	3	1	80.865%	0.905
						0.882
						0.910
	网络建构	0.729 ***	3	1	77.666%	0.875
						0.898
						0.870
	网络管理	0.661 ***	3	1	78.353%	0.806
						0.907
						0.938
	网络利用	0.754 ***	3	1	85.754%	0.928
						0.913
						0.937
网络能力		0.804 ***	4	1	84.035%	0.904
						0.930
						0.935
						0.897

从表 7 - 14 关于网络能力的效度分析结果可以看出,KMO 都大于 0.70, Bartlett 显著性概率均小于 0.01,因子负荷值都大小 0.50,且累计方差解释率 的比例都大于 50%,表明网络能力的测度量表符合统计要求。

4. 关于网络嵌入量表的效度检测

采用因子分析法对多指标项的潜变量进行效度测试。在对网络密度、网络 中心度和网络关系强度以及进行因子提取之前,先进行样本充分性检验,即

KMO测试系统检测和巴特莱特球体检验(Bartlett Test of Spherieity),判断是否可以进行因子分析。

在此基础上,采用主成分分析法提取因子,并按照大方差法进行因子旋转,将特征值大于1作为因子提取标准。当指标项的因子荷载值都大于0.5,而且累积解释方差的比例大于50%,说明该多指标项的潜变量符合结构效度的要求。

按照上述步骤,网络嵌入的维度有三个,分别是网络密度、网络中心度和网络关系强度,这三个要素的题项分别是4项、7项和4项。将15个题项分两阶段提取公因子作为创新要素。第一阶段对四个维度分别提取公因子。结果如表7-15所示。从表中可以看到,三个维度的球形检验表明四个维度的数据都适合进行因子分析;三个维度都含有一个公因子,这个公因子能够分别解释题项的70.283%、77.3844%、67.592%和85.17%。量表具有显著的效度。

表7-15　网络嵌入的效度检测结果

变量	变量维度	KMO和Bartlett的检验	题项数	提取公因子数	总方差	成分矩阵
网络嵌入	网络密度	0.738 ***	4	1	70.283%	0.890
						0.812
						0.790
						0.858
	网络中心度	0.916 ***	7	1	77.384%	0.935
						0.931
						0.930
						0.928
						0.887
						0.858
						0.654
	网络关系强度	0.788 ***	4	1	85.17%	0.939
						0.921
						0.916
						0.916

变量	变量维度	KMO 和 Bartlett 的检验	题项数	提取公因子数	总方差	成分矩阵
网络嵌入		0.767 ***	3	1	87.834%	0.940
						0.938
						0.934

从表 7-15 关于网络嵌入的效度分析结果可以看出，KMO 都大于 0.70，Bartlett 显著性概率均小于 0.01，因子负荷值都大小 0.50，且累计方差解释率的比例都大于 50%，表明网络嵌入的测度量表符合统计要求。

5. 关于成果转化绩效量表的效度检测

同样按照上述分析步骤，对成果转化绩效量表进行效度检测，结果如表 7-16 所示。

从表 7-16 关于成果转化绩效的效度分析结果可以看出，KMO 都大于 0.70，Bartlett 显著性概率均小于 0.01，因子负荷值都大小 0.50，且累计方差解释率的比例都大于 50%，表明成果转化绩效的测度量表符合统计要求。

表 7-16　成果转化绩效的效度检测结果

变量	变量维度	KMO 和 Bartlett 的检验	题项数	提取公因子数	总方差	成分矩阵
成果转化绩效		0.922 ***	9	1	74.049%	0.915
						0.912
						0.839
						0.912
						0.824
						0.725
						0.861
						0.839
						0.901

(二)信度分析

1. 关于创新要素量表的信度检测

根据前文对创新要素特征测度的讨论,资金要素、人才要素、技术要素和政策要素是企业创新要素特征的多指标项的潜变量,需要就因子分析法对其进行测度。本书采用克朗巴赫(Cronbach)Alpha 系数法对这 4 个潜变量进行信度检测。分析结果如表 7-17。

表 7-17　创新要素的信度分析

变量	项数	信度(Cronbach's Alpha 值)
创新要素之资金要素	3	0.634
创新要素之人才要素	4	0.862
创新要素之技术要素	4	0.839
创新要素之政策要素	3	0.913
创新要素	4	0.848

从表 7-17 可以看出,各个变量的信度值均大于 0.6 的标准,说明变量的信度符合统计要求。

2. 关于资源整合量表的信度检测

根据前文对企业的资源整合特征的测度也是一个包含多个指标项的潜变量,分别是知识吸收和技术扩散。因此,用同样的方法对资源整合进行信度检测。如果如表 7-18 所示。

表 7-18　资源整合能力的信度分析

变量	项数	信度(Cronbach's Alpha 值)
资源整合之知识吸收	13	0.948
资源整合之技术扩散	10	0.921
资源整合	2	0.931

从表 7-18 可以看出,各个变量的信度值均大于 0.6 的标准,说明变量的

信度符合统计要求。

3. 关于网络能力量表的信度检测

根据前文对企业的网络能力的测度也是一个包含多个指标项的潜变量,包含网络识别、网络建构、网络管理和网络利用。因此,用同样的方法对网络能力进行信度检测。结果如表 7-19 所示。

表 7-19　网络能力的信度分析

变量	项数	信度(Cronbach's Alpha 值)
网络能力之网络识别	3	0.882
网络能力之网络建构	3	0.848
网络能力之网络管理	3	0.841
网络能力之网络利用	3	0.916
网络能力	2	0.937

从表 7-19 可以看出,各个变量的信度值均大于 0.6 的标准,说明变量的信度符合统计要求。

4. 关于网络嵌入量表的信度检测

根据前文对网络嵌入特征测度的讨论,网络密度、网络中心度和网络关系强度是网络嵌入特征的多指标项的潜变量,需要就因子分析法对其进行测度。本书采用克朗巴赫(Cronbach)Alpha 系数法对这 3 个潜变量进行信度检测。分析结果如表 7-20。

表 7-20　网络嵌入的信度分析

变量	项数	信度(Cronbach's Alpha 值)
网络嵌入之网络密度	4	0.854
网络嵌入之网络网络中心度	7	0.950
网络嵌入之网络关系强度	4	0.941
网络嵌入	3	0.931

从表 7 - 20 可以看出,各个变量的信度值均大于 0.6 的标准,说明变量的信度符合统计要求。

5. 关于成果转化绩效量表的信度检测

用同样的方法对成果转化绩效进行信度检测。结果如表 7 - 21 所示。

表 7 - 21　成果转化绩效的信度分析

变量	项数	信度(Cronbach's Alpha 值)
成果转化绩效	9	0.955

从表 7 - 21 可以看出,成果转化绩效的信度值大于 0.6 的标准,说明变量的信度符合统计要求。

二、回归分析

在变量测量的基础上,本书采用层次回归法对创新要素与成果转化绩效的关系进行回归分析。对具有调节变量和中介变量的模型进行回归分析的方法有二阶段回归和三阶段回归法,不同的文献对两种方法的评判不一样。本书采用了最新的两阶段法,并利用 Ohio 州立大学的海耶斯开发的软件 Process. 进行分析。

(一)构建模型

本书采用层次回归的方法检验创新要素对成果转化绩效的关系,以及企业资源整合及关系管理的中介效应,使用软件先后把各个需要进行回归检验的变量依次放入模型 1、模型 2、模型 3、模型 4。

$$FS = \beta_0 + \beta_1 CBY + \beta_2 CBD + \beta_3 CBV + \beta_4 CBP + \beta_5 CBI + \beta_6 FF + \varepsilon \qquad \text{(模型 1)}$$

$$FR = \beta_0 + \beta_1 CBY + \beta_2 CBD + \beta_3 CBV + \beta_4 CBP + \beta_5 CBI + \beta_6 FF + \beta_7 FF \times NT^2 + \varepsilon \qquad \text{(模型 2)}$$

$$FN = \beta_0 + \beta_1 CBY + \beta_2 CBD + \beta_3 CBV + \beta_4 CBP + \beta_5 CBI + \beta_6 FF + \beta_7 FF \times NT^2 + \varepsilon \qquad \text{(模型 3)}$$

$$FS = \beta_0 + \beta_1 CBY + \beta_2 CBD + \beta_3 CBV + \beta_4 CBP + \beta_5 CBI + \beta_6 FF + \beta_7 FR +$$

$$\beta_8 FN + \beta_9 FF \times NT^2 + \beta_{10} FR \times NT^2 + \beta_{11} FR \times NT^2 + \varepsilon \qquad (模型4)$$

模型方程中的代码与名称如表7-22所示。

表7-22　模型代码与名称对照表

代码	名称	代码	名称
IV	自变量	CBV	在否创新平台
CV	控制变量	CBP	产权性质
Me	中介变量	FS	成果转化绩效
Mo	调节变量	FF	创新资源集聚
Int	交叉变量	FR	资源整合能力
CBY	企业年龄	FN	网络能力
CBD	公司所在地区	NT	网络嵌入
CBI	行业	NT^2	网络嵌入平方

(二)回归分析

1. 主效应的分析

本部分以成果转化绩效作为因变量,以创新要素为自变量,并分别控制了企业年龄、公司所在地区、行业、产权性质、是否参与创新平台等变量,检验了创新要素对成果转化绩效的影响,检验结果如表7-23所示。

表7-23　创新要素与成果转化绩效主效应回归分析

模型1		非标准化系数		t	Sig
		B	标准误差		
1	常数项(constant)	−1.113	0.498	−2.234	0.028
	CBY	0.000	0.003	−0.062	0.951
	CBD	0.016	0.111	0.146	0.884
	CBI	−0.020	0.028	−0.712	0.478
	CBV	0.782	0.206	3.800	0.000
	CBP	−0.025	0.116	−0.212	0.832

（续表）

模型1		非标准化系数		t	Sig
		B	标准误差		
2	常数项（constant）	−0.105	0.391	−0.269	0.788
	CBY	0.001	0.003	0.370	0.712
	CBD	0.017	0.083	0.200	0.842
	CBI	−0.032	0.021	−1.505	0.136
	CBV	0.159	0.171	0.932	0.354
	CBP	−0.016	0.087	−0.188	0.851
	创新因素（因子的因子）	0.697	0.084	8.287	0.000

注：因变量：成果转化绩效。

从表7-23的结果可以看到，创新因素与成果转化绩效的 t 检验＞0.05，为 8.287，并且 sig＜0.05，因此，认为创新要素正向影响成果转化绩效的主效应成立。

2. 中介效应分析

本部分对文中关于资源整合和网络能力的中介效应进行检验。

首先用模型 2 对从资源整合的中介效应进行分析，结果见表 7-24，从结果中可以看到，创新要素和资源整合的关系是显著的（M_1，$\beta=0.6302$，$P<0.01$）。再用模型 3 对网络能力的中介效应进行分析，结果见表 7-24，从结果中可以看到创新要素和网络能力的关系是显著的（M_2，$\beta=0.3635$，$P<0.01$）。最后再考察创新要素和成果转化绩效的直接关系进行分析，结果见表 7-24，从结果中我们看到，直接效应在中介变量的影响下，效应并不显著（M_3，$\beta=0.2122$，$P<0.15$）。通过以上模型，Process 计算出中介效应的效应值，结果见表 7-25。从结果中可以看到。理论模型的直接效应为 0.1611，$P<0.0754$，置信区间为 [−0.0169，0.3391]，其中包含了 0，所以不显著。间接效应中的资源整合的效应为 0.2561，置信区间为 [0.0459，0.4845]，没有包含 0，所以中介效应显著。间接效应的网络能力的效应值为 0.2797，置信区间为 [0.1173，0.4870]，也没包含 0，所以中介效应显著。为了对间接效应的可信度进行检验，

利用 Soble 法，Bootstrap 的样本数是 5000。结果见表 7-25。从 P 值看，两个中介效应都通过了检验。

表 7-24　模型 2、模型 3、模型 4 回归分析表

变量		因变量		
		模型 2	模型 3	模型 4
		FR	FN	FS
CV	CBY	−0.0027 (0.0024)	−0.0027 (0.0026)	0.0004 (0.002)
	CBD	−0.1552 (0.0737)	−0.1483 (0.0794)	0.1396 (0.0629)
	CBV	0.1997 (0.1517)	0.2709 (0.1636)	0.0086 (0.1279)
	CBP	0.0751 (0.0783)	0.1494 (0.0844)	−0.872 (0.0664)
	CBI	−0.0242 (0.0188)	−0.0475 (0.0202)	−0.0054 (0.0161)
IV	FF	0.6302 (0.1280)	0.3635 (0.1380)	0.2122 (0.1456)
Me	FR	——	——	0.2080 (0.1881)
	FN	——	——	0.4020 (0.1751)
Mo	NT2	−0.1283 (0.0788)	−0.1512 (0.0849)	−0.0748 (0.675)
Int	$FF * NT_2$	0.0651 (0.0689)	0.1861 (0.0743)	−0.0466 (0.098)
	$FR * NT_2$	——	——	0.1274 (0.1241)
	$FN * NT_2$	——	——	0.009 (0.1131)

表 7 - 25 中介效应表

		效应值	(Boot)标准差	t	P	LLCI	ULCI
直接效应		0.1611	0.0895	1.8009	0.0754	−0.0169	0.3391
间接效应效应值	总计	0.5358	0.0877	——	——	0.3752	0.7205
	资源整合	0.2561	0.1127	——	——	0.0459	0.4845
	关系管理	0.2797	0.0928	——	——	0.1173	0.4870
间接效应Sobel 检验	资源整合	——	0.0969	2.6419	0.0082	——	——
	关系管理	——	0.0829	3.3741	0.007	——	——

综上所述,科创平台网络创新资源集聚有助于提高成果转化绩效,并且企业资源整合能力和网络能力是平台创新资源集聚实现成果转化绩效提升的作用途径。

3. 调节效应分析

本部分对书中关于网络嵌入的调节效应进行检验。书中对网络嵌入对 5 个阶段的调节效应进行了假设分析,关于资源整合的两个阶段,分别是对创新要素与资源整合之间关系的调节作用,以及资源整合与成果转化绩效之间关系的调节作用;关于网络能力的两个阶段,分别是创新要素与网络能力之间关系的调节作用,以及网络能力与成果转化绩效之间关系的调节作用;最后一个是网络嵌入对创新要素与成果转化绩效关系的调节作用。

从回归分析结果的表 7 - 24 和调节效应的表 7 - 26 可知,创新要素通过资源整合和网络能力两个途径影响创新绩效。网络嵌入对两个途径有部分的调节作用。具体来说,创新要素在资源整合的途径上显著地影响创新绩效,这个途径的两个阶段,网络嵌入的调节作用不显著。在创新要素和资源整合间交叉项的系数 $\beta = 0.0651$,$P < 0.25$,在资源整合和创业绩效间的交叉项 $\beta = 0.1274$,$P < 0.25$(见表 7 - 24 中模型 2 和模型 4 的交叉项),为了综合考察两个阶段的调节作用,利用 Process,计算网络嵌入平方的一倍标准差来检验其调节效应,从结果来看置信区间分别为[−0.1655,0.3672]和[−0.0641,0.7894]都包含了 0。所以综合来说,网络嵌入对于创新要素与资源整合以资源整合与成果转

化绩效关系之间没有调节作用。

从前文中关于网络能力的中介作用分析中可知,创新要素在网络能力的途径显著地影响成果转化绩效,在这个途径的两个阶段,网络嵌入的调节作用有一个阶段是显著的,即网络嵌入对创新要素与网络能力的关系有显著的调节作用(见表 7-24 中的模型 3)。适度地进行网络嵌入,创新要素与网络能力的关系就越密切,虽然这个途径的另外一个阶段的调节作用不太显著,但综合来说网络嵌入对网络能力的调节作用是显著的(见表 7-26);创新要素和成果转化绩效的直接效应不显著,网络嵌入对直接效应的调节作用也不显著。

表 7-26 调节效应表

调节变量及指标		网络嵌入的平方	效应	Boot SE	LLCI	ULCI
直接效应的调节		0.1029	0.2074	0.1379	−0.0671	0.4820
		0.9809	0.1662	0.0934	−0.0197	0.3521
		1.8752	0.1249	0.1162	−0.1065	0.3563
间接效应的调节	资源整合	0.1029	0.1408	0.1335	−0.1655	0.3672
		0.9809	0.2320	0.1110	0.0476	0.5014
		1.8752	0.3362	0.2182	−0.0641	0.7894
	关系管理	0.1029	0.1538	0.1023	0.0114	0.4851
		0.9809	0.2206	0.0774	0.0808	0.3826
		1.8752	0.2876	0.1931	0.0085	0.7102

本章小结

通过访谈调研及调查问卷等方式收集样本数据,运用相关的统计软件进行数据分析,对所提假设进行验证。验证结果如下:创新要素的投入对科技成果转化绩效具有正向作用。包括了资金要素、人才要素、技术要素和政策要素的传统创新要素的投入,提供了最基础的创新资源。企业在网络嵌入情况下积极发挥资源整合能力和网络能力都正向影响了平台科技成果转化绩效,而且在创新要素与科技成果转化绩效之间起着中介作用。由此,揭示了企业通过发挥和提高资源整合能力和网络能力实现以创新资源投入实现科技成果转化绩效提升的内在机理,也明确了企业的知识吸收能力、技术转移能力以及在网络关系管理中所体现出来的机会识别,网络关系的构建、管理和利用等能力是提高实现由平台成果转化绩效的有效途径。

　　从网络嵌入的调节效应回归分析来看,网络嵌入对创新要素与网络能力的关系机制的调节效应显著,意味着在一定程度、范围内企业在创新要素投入的基础上,随着网络嵌入程度的深入企业网络关系管理活动的效果会改善。但是,当出现"嵌入过度"这种正向的影响会减弱甚至出现负面的影响。而对于前文提到的关于网络嵌入的"诅咒效应"部分通过了验证,其中网络中心度对成果转化绩效存在显著的倒 U 型关系,即网络中心度对成果转化绩效有正向影响,但一味地提高网络中心度则阻碍成果转化绩效。网络嵌入的其他阶段的调节效应没有得到验证,本书分析可能是因为没有考虑到网络嵌入性的各项指标之间的相互关系是会影响单个指标对绩效或对关系机制的影响程度的。因此,在后续的研究中,需要开发网络嵌入的多指标体系,完成对绩效的更全面的测度。

第八章
科创平台网络治理策略建议与应用

科创平台作为创新公共服务平台，存在着一般公共服务领域平台的一些共性，比如，政府的预算有限与公共服务需求快速增长之间的矛盾，平台服务资源严重不足，导致平台服务的等待时间延长，质量难以令人满意。解决这一难题的可能办法是引入私营企业，利用市场的机制吸引社会专业服务资源的参与，实现资源的高效利用，提高资源利用率。公共服务平台引入私营企业，一方面由于企业以追求利润最大化为目标可能侵蚀社会福利，另一方面私营企业的有偿甚至是高收费可能压缩了一部分需求(华中生，2013)，因此，公共平台服务引入私营企业时需要讨论与制定缓解引入的标准以及私营与公共之间矛盾的方案。

第一节　科创平台创新服务策略

中小创新企业通过科创平台，在资源、人才、资金、技术、政策等方面获得平台服务，提高创新绩效，促进我国产业转型与升级和战略性新兴产业的发展，为了实现科创公共服务平台的功能与目标，需要结合以下几方面的内容发展科创平台的服务策略。

一、科创平台服务创新策略分析

(一)充分发挥平台的主导优势

依托上海科学中心强大的基础科学研究力量，凭借研发与转化功能型平台丰富创新资源的优势，围绕创新科技成果应用的目标，秉承"以用为先"的发展原则,利用有利平台身份配置整个科创平台的资源,顺利有序地完成创新中试、量产、投市、升级等成果转化过程中的关键发展阶段,改变传统产业一贯的"重生产,轻创新"的发展模式,完成科创平台成员企业之间关系网络的搭建。

以"区块联动"打造区域科创产业链,组建多区域、多领域平台参与的虚拟网络科创平台,建立起科创平台间的信任机制,比如构建智能制造功能平台、智能化新能源汽车功能型平台、新材料功能型平台之间联结,实现不同领域资源的互通,打通技术共享与应用渠道,为科技成果挖掘更多的应用领域。有效的科创平台间的信息流通渠道,实现了科技创新的知识与技术的分布式存储,具体表现为共性知识在平台之间、产业之间、企业之间有效流动,专有知识可以被有条件地访问,从而有利于不同平台的科技创新企业进行查询、学习、交流和应用。

科创平台服务企业和社会,支撑了大众创新创业,并开放知识流动的渠道,及时获得知识与技术应用反馈,反哺科技研发和成果转化,保障科技创新生态链中知识和技术健康的"新陈代谢"。对于成熟的网络平台要及时市场化、社会化,向全社会提供专业创新查询的服务网站,推动科创中心建设服务社会的宗旨,助力万众创新、大众创业政策的落地。

(二)科创平台促创新协同发展

依托区域协同发展机制,构建由政府组织牵头的技术创新联盟,形成集基础研究、应用研究、工艺技术于一体的创新链和产业链资源网络。围绕专项/专利技术的科学机理、设备研制与应用、产品生产与投市等环节,基于技术的发展趋势与产业应用需求,开展技术区域内转移转化和产业化落地工作,推动技术成果应用研发与转化功能效率。充分发挥组织牵头作用,将技术研发与转化平台集聚的科研资源,与区域市场和产业资源建立紧密合作关系,更好发挥地方科研优势和产业转化资源,形成区域一体化、网络化的产业链,引导区域产业布局。

此时,区域间的协同发展需要合理的合作分工,各地政府组织机构应明确定位,发挥所长,合力推动科创平台网络的区域协同发展。比如长三角区域的石墨烯产业链科创平台,上海的石墨烯功能型平台应侧重于技术创新链的顶层设计,旨在加快孵化与培育具有较强创新能力的成长型企业,江苏和浙江的石墨烯产业园区则侧重拓展技术的应用范围与领域,延长产业链,落地石墨烯科技成果转化和产业化。同时,探索新机制和新模式完成科创平台的社会服务功能,提供共性技术指导服务以及通用产品开发的战略创新,引导区域某项技术产业布局和资源配置。

二、科创平台激励机制创新策略

科技成果转化过程中各环节成员利用科创平台的新知识、新技术、在市场需求引导下进行应用实践,明确科技转化过程中的职能分工,形成一个基于市场的科技创新共生关系,并利用一系列与市场接轨的收益共享、风险共担的激励机制设计与安排,有效防止在漫长的科技成果转化过程中成员企业行为策略的偏离,保证创新目标的达成,成员企业的利益获取。这种创新生态链的"共生互利"特征保障了从创意到产品,并实现经济产业化过程中的动态平衡。

(一)科创平台财政收益分配策略

利益分配问题是技术产业化持续发展的基石,建议将具体技术转化过程针对科创平台的财况收益机制纳入地区发展战略合作,由地方发改委和财政局牵头,采取"市场+行政"方式建立财税补贴机制,按照谁投入谁受益的原则,依据技术创新平台投入比例,分配专利技术的产业化收入以及产业应用带来的税收收入,并给予一定时期内(比如3~5年)的财政支持,完善科技成果转化的收益分配机制,有效激励科创平台的各个参与者,包括政府机构、服务平台主体、创新企业、从业人员等都有收益分配机制的激励,推进市场收益反哺机制,逐渐培育科创平台创新闭环生态链。

根据技术成果权属地的评估市值,采用使用权授予或所有权转让实现增资扩投,或折价入股联合组建企业等手段,由市场机制解决股权分配问题。对于非技术成果权属地的技术应用开发企业以一定的比例缴纳省级和市场所得税收返回成果权属地,再由权属地向下一层级转移税收分配。

科创平台的持续良性发展,需要在财税收益分配机制之外,开拓吸收政府、企业及社会资金,比如在上海的"双创"母基金基础上,可由市发改委或科委组织牵头,在稳固已有的投资收益前提下,吸收区域创新合作伙伴的资源,增资扩投,以市场化机制扶持技术创新和成果转化,实现跨省市的区域间"行政+基金

＋产业"收益分配机制。

　　(二)科创平台创新成本分担策略

　　收益分配机制是组织成员之间的激励机制设计中的一方面,另一面则可以从风险共担、成本分担角度分析设计。科创平台在科技研发和成果转化过程中形成了创新生态链,创新企业都是创新生态链上的环节,都有明确的职能分工,则其必定承担相应的风险与成本,成本的高低直接影响企业的利润以及基于成本核算角度对创新收益预期,从而影响了企业进行创新活动的动力。因此,从成本控制的角度,站在科创平台整体利益的层面,设计创新企业之间的创新活动成本分担机制。

　　关于新能源汽车电池研发成本分担策略的研究(孔詠炜等,2018),证明了科创平台内存在研发合作关系主体之间的研发成本分担策略对于提高创新产品质量、市场销售收益等方面都是有积极作用的。因此,科创平台可以组织、引导平台内的创新企业,特别是处于产业链主导地位的企业,针对技术研发与转化的特点开发基于风险共担,旨在提高创新驱动力,降低创新不确定性的成本分担策略。利用高效的利益驱动机制替代传统的行政干预手段,贯彻科创平台的服务创新的宗旨。

三、科创平台金融创新服务策略

　　我国中小企业在解决社会就业方面的作用突出,为 GDP 的提升以及经济发展所作的贡献举足轻重。在全部登记注册的企业中,中小企业的绝对优势占比已超过 90%,而且在我国企业总量当中,由中小企业贡献的总产值达到60%,实现的销售收入达到 57%,向国家缴纳的税金达到 40%,在城镇就业机会中由中小企业提供的岗位占比达到 75%,上述数据充分说明中小企业对我国经济发展的重要意义,中小企业的生存现状、转型升级和长远发展对国民经济的稳定发展具有重大影响。随着全球经济形势的不断变化,中小企业只有顺利完成与全球产业链的对接,提高自身各方面硬件、软件资源和竞争力,才能获得更好的生存空间,发挥更大作用。依托科创平台,科技创新与成果转化活动是中小企业实现转型升级的有效途径,但创新活动和成果试验投产都需要雄厚稳定的资金支持。

现阶段中小企业的经营成本,尤其是工资成本、环境成本和用地成本快速增加,而且我国金融体系本身存在结构体系不完善、制度缺陷未能及时弥补的问题,因而金融体系不能完全发挥其提供融资便利功效来满足中小企业在转型升级中的融资需求。金融机构对中小企业的不了解不信任带来的信息不对称问题导致中小企业无法获得或难以低成本顺利获得金融机构贷款,反而是规模大、实力强、资金充裕的大企业更容易获得金融机构贷款,进一步加剧了金融资源分配不均。无法顺利获得有效融资是制约我国中小企业发展的决定性因素,这严重削弱了中小企业转型升级的积极性,严重阻碍了中小企业的发展。

(一)科创企业融资难原因分析

1. 金融机构贷款政策不友好

与大型国企能够获得先天禀赋不同,中小创新企业竞争接近自由竞争,没有哪家中小型企业能够形成同国企一样的市场垄断地位,诸多原因造成中小企业面临市场风险时抵抗力很弱、遭受损失的可能性更大,而且"轻资产"是中小创新企业的普遍特点,在融资过程无法提供资产抵押,因而金融机构为了保证贷款的安全性、流动性、盈利性,经过苛刻的资产信用评估后大多不会对中小企业提供贷款。虽然市场上中小企业对融资的需求量很大,但"重资产"的国有企业资金需求已占据了金融机构绝大比例的贷款额度,因此,从金融机构的利益角度分析,不存在开发针对中小企业融资需求产品动力。

2. IPO上市融资机会近乎为零

从融资理论上看,企业可以通过发行债券方式融资。但我国各级政府并未在这类融资渠道上真正放开,企业债券发行规模至今仍然很低。企业还可以通过上市发行股票的方式获得投资者认可,取得直接融资,并通过定期分红分配股利的方式给予投资者回报。但中小企业在国内上市要面临多重严格的审核,虽然核准制向注册制的推行已逐渐提上日程,但中小企业的主板上市之路仍然不乐观。

(二)科创平台的金融服务策略

1. 科创平台供应链金融创新应用

面对银行对中小企业惜贷恐贷的现状,科创平台和银行应积极推进创新型的供应链金融平台业务,既能解决平台内中小企业的融资困难,又能大幅提升金融业务收入,既可以考虑平台内部融资模式,即平台企业通过向上游中小供应商提供预付款或向下游提供延迟付款的融资便利,这种融资方式绕开第三方金融机构的参与平台网络的运作和利润分成,通过平台网络的供应链内部解决中小企业资金缺口。也可以通过银行等金融机构参与的平台外部融资模式,由银行等金融机构直接对科创平台授信,再由科创平台以一定标准将授信分配给平台内的企业,分配标准可以根据企业的信誉、评估分级、前期转化率等指标,或者对科创平台企业提供多种形式的担保,由科创平台企业对市场风险和还款风险进行兜底。

供应链金融的科创平台模式早已不再局限于传统的核心企业、银行、物流公司等,而是包括了保险、担保、保理、租赁、小贷、平台管理公司、数据公司等多方主体,生态圈的扩大为解决科创平台中小企业融资问题带来重大机遇。当今是大数据金融时代,造就了科创平台与互联网技术的迅速融合,例如产品的设计、规格相关指标数据和订单的确认,都是采用平台供应链运作中的拉动式生产,商流、物流信息即时发送在线平台,其硬件设备的采购也通过平台,资金流的结算和管理也通过平台金融服务体系,这样将平台中商流、物流、资金流、信息流全部收纳于一个相当于闭环式的大数据平台中,可有效降低信息不对称问题,从而强化了平台供应链金融中的风控业务。

2. 科创平台创新税收优惠政策

面临纳税负担过重的现状,已有很多学者提出直接出台针对中小企业的税收优惠政策,尽快完善相关税改制度,并将其彻底落到实处,从前文中提出的平台网络金融模式出发,如果税收制度能充分结合内部融资和外部融资的不同模式,从政府层面给予平台网络资金供给方一定的税收优惠政策,使出资方或第三方金融机构获得税收激励,其解决中小企业融资难的效果是非常直接的,相比减免中小企业纳税负担来缓解资金短缺的方法要更快更有效。

科创平台供应链金融内部融资中,作为融资方的中小企业由于需要支付融资利息,因而在现行税制下形成有效税盾使其获得纳税减免,而科创平台内部融资的出资方并未因为提供融资便利而获得税盾激励。因此,政府为鼓励企业通过科创平台供应链内部融资解决融资难的困境,应该对出资方因提供科创平台内部融资而获得的投资收益(融资利息收益)给予一定税收优惠,通过对这部分收益实行优惠税率或者梯度税率以及纳税返还等形式激励供应链资金充裕方积极地为资金需求方提供融资。

科创平台供应链外部融资中,银行等第三方金融机构参与科创平台供应链运作,为中小企业提供融资服务,那么政府可以考虑针对金融机构参与实体企业融资业务收入,给予一定的税收优惠。并且,政府为了鼓励金融机构更多为中小企业提供融资服务,实现中小企业快速发展的目的,财政部、国家税务总局出台了《关于金融机构与小型微型企业签订借款合同免征印花税的通知》(财税〔2011〕105 号),该政策规定一定年限内对金融机构与小型、微型企业签订的借款合同免征印花税。深入分析银行惜贷恐贷的原因,根本在于中小企业自身实力太弱,抵御市场风险能力差,因而使银行承担的贷款风险远高于实力雄厚的大企业,本着安全性第一的经营理念,银行等金融在贷款风险等信息不对称的情况下当然不愿意提供贷款给中小企业。因而,作为实力象征的科创平台能够站出来承担起中小企业担保人的角色,那么银行等金融机构因此获得足够的信心大胆为中小企业提供融资。科创平台对其提供担保的中小微企业应统一口径,可根据 2011 年工信部等四部委联合发布的《中小企业划型标准规定》、企业所得税法实施条例的规定、增值税暂行条例实施细则等内容来界定中小企业,然后为其提供相应的融资担保。

第二节　科技创新活动运营策略

根据本书的研究成果,对科创平台发展的重要参与者——科技创新企业的管理实践具有以下重要的启示。

一、加大创新投入

加大创新要素的投入,为提高科创平台的科技成果转化绩效夯实基础。政府除了提供鼓励成果转化政策(直接补助、税收优惠等)、人才引进指导方案(紧缺科技人才落户政策等)、政策性金融方案支持(双创支持基金等项目)等一系列鼓励政策外,应鼓励企业参与市场化运作,逐渐脱离政策主导,从单一渠道资源的获取转至从网络形态中收获更丰富、更有价值的资源。在研发与转化创新活动过程中,强化企业技术要素的杠杆作用,鼓励企业多参与"轻资产"类的融资项目。发展与健全创新中介机构,为企业提供包括但不限于融资服务、人才优化配置、政策解读与执行、技术共享与设备共享、成果转化经济性的激励机制等专业的创新服务,从组织层面到企业层面实现提高资金要素、人才要素、技术要素和政策要素的投入,激发和提高企业创新活力和实力,实现科技成果转化绩效的提升。

二、培养企业能力

充分发挥企业通过资源整合和网络关系管理等行为策略对提高成果转化绩效的积极作用,资源整合能力和网络能力作为创新要素与成果转化绩效关系之间的中介变量得到了验证,则需要大力培养企业进行资源整合和网络关系管理所需要的能力。具体而言,企业应针对所处外部环境特点制定专门的资源开发与利用规划和网络发展计划,若参与科创平台,可以利用网络嵌入的网络资源优势,从网络伙伴关系中寻找企业所需的关键创新资源拥有者,从网络结构与网络能力的优化配置的角度,充分发挥各自的优势。

三、适度网络嵌入

在有限理性的前提下,科技创新企业需要把握社会网络嵌入的程度,做到"适度"嵌入,在企业经营过程中严防组织认知偏差和行为策略失衡。因此,企业需要有辨析"适度性"的能力。当今网络化发展的常态下,企业组织不再是纯粹的独立个体,在社会、经济活动中与其他组织有着千丝万缕的联系,这种经营状态是必要的,但是需要管理与控制。关于如何保持"适度"性的网络嵌入,本书试从以下几点给出管理建议。①企业在进入科创平台初期,需要做大量认真的前期调研与分析。首先,对于所要进行的科技领域目前的技术创新应用的情况,主要参与企业的背景、社会关系以及产品市场情况等需要进行认真的考察、评估,与网络伙伴的合作要循序渐进,切勿把提高科技成果转化绩效的创新活动所需要素全部依托于一家伙伴企业,或者全部依靠网络资源,并且在合作过程必须建立有条件的信任,不能因过度信任而失去理智的判断,坚持理性决策是合作信任的基础。②在网络合作中,保持关键决策事项的绝对理性,合作承诺也需要在企业掌握与控制的资源优势和企业能力的保障前提下进行,一旦超出实力和能力范围做出的合作决策,企业可能面临投资行为的不利后果。③在网络合作过程中,要注意伙伴间的合作不能是单纯的合作或共事,而应时刻提醒应以"竞合"的状态来维持与伙伴的关系,而且需保持合适的合作互动的频次,伙伴企业不能成为企业所要作的决策时的前提条件或者限制条件,应通过培养自己的核心竞争优势才能获得科技创新的成功。

四、柔性战略决策

企业决策者对自身所在的环境、网络关系、资源等要素的认知有一定的局限性,在这种有限理性永远存在的背景下,企业在获取资源和战略决策时无法做到完全理性,因此,企业更是需要在网络环境中保持一定的战略柔性,在不确定性的环境中避免深陷网络嵌入而难以自拔。在实践中,企业可以与银行、政府机构、创新服务中介等保持密切联系,深入考虑企业的网络环境与企业内资源和能力之间的相互影响等问题,通过内外部资源的整合,实现企业向外扩展以完成创新,借助外力应对不确定性的外部环境,以及约束与避免由于有限理性而引起的认知偏差,提高资源获取的质量。

五、均衡结构关系

网络嵌入为企业的创新绩效获得有价值的资源,从而使企业认识到网络嵌入的重要性,但为了提升创新绩效,企业在对网络结构进行管理与利用的过程,需要分清主次。科技创新企业必须充分利用科创中心科创平台网络,但仍需把主要精力集中在提高企业自身的资源识别和协同整合能力上,保障获得资源的质量,在此主要任务的基础上,通过网络嵌入来发挥企业的资源整合能力和关系管理能力,实现对网络嵌入结构的影响。企业把握好在网络中的主次任务后,可以更明确企业作为网络信息桥梁的重要功能定位,辨识、传递、加工与整合经过"桥梁"的信息,其中包括同质信息与异质信息。众所周知,异质信息相比较于同质信息,处理难度更大,对作为"桥梁"企业的能力要求也越高,因此,企业在网络中全面发展合作关系是不现实的,也是没有必要的,企业只需将主要精力投入到关键性网络关系信息的处理能力的培养,即有助于企业提高创新绩效。

六、优化网络配置

本书验证了网络嵌入对创新要素资源与企业管理关系机制的调节作用,这样的结论有助于优化创新企业的企业网络能力与网络嵌入结构的配置,充分发挥各自的优势。研究发现的网络嵌入与企业能力之间的相互替代作用,此时企业需要认清自己在网络中的嵌入性地位以及所具有的网络能力和资源整合能力,在实践中扬长避短,更高效地撬动科创平台网络中的嵌入性资源,提高成果转化绩效。

第三节　科创平台发展比较分析

在地方科创平台实践中,一直流传着"北有中关村,南有张江园"的说法,这表明人们对北京中关村和上海张江园区在创新平台建设与发展效果的认可,但这两座城市具有代表性的科创中心的发展进程依然存在差异。

一、北京中关村

北京作为全国政治、文化中心具有巨大的吸引力,成为各类人才寻求发展机遇的天堂,中关村正是充分识别出"北漂"带来的人才集聚效应优势,构建出典型的信息聚积型科创平台网络结构。张江平台经济研究院院长陈炜曾总结中关村的主要经验在于推进有利于人才集聚、企业成长、市场拉动、平台协同等措施。中关村科创平台的发展首先依赖的是利用完善的人才发展机制吸引和汇聚起全国范围的创新创业人才,在发展初期就聚集和培养了科技创新活动中的核心要素——人才,并成长出一批国内外有影响的新老企业家。这些中关村科创平台的重要参与者们拥有了平台内外非重复性差异资源,并掌握了网络平台以及外部学习网络中知识技术传播的关键路径,因此他们在交易往来、技术流通过程中构建出了丰富的结构洞。由于中关村的科创平台网络中缺乏拥有网络中心位置的成员,导致在平台网络内无法通过资源配置活动充分发挥资源优势,而出现了资源被聚积在中关村网络中的某些结点成员处,无法实现平台网络内乃至社会范围内的传递共享。这种科创平台网络形态需要有相应的机制打破信息聚积，促进知识的流动与共享，以知识外溢提高创新效率。

中关村创新平台网络实施的"1+6"政策正是以此为目标，通过便利的科技成果处置权和收益权政策加快成果转化，在实现成果经济收益的同时带动知识、技术资源等共性资源的共享，以优惠的税收政策在平台网络内开展投融资合作、优化资本结构，以股权和人才激励机制紧紧抓住了人才资源优势，引导人才的合理流动，同时保持创新平台的动态稳定性。中关村凭借以上一系列的政策机制，在充分利用丰富结构洞带来的资源优势的同时，在信息与资源的流转中，加强成员之间的联结，培育出具有网络中心地位的成员，实现平台网络结构类型的升级转型。

二、上海张江高科

上海张江高科技园区作为浦东乃至上海的创新型产业集聚发展的重要基地，被定位为打造具有全球影响力的科技创新中心核心功能区，张江在主要由外高桥、金桥、康桥、南汇工业园和临港地区组成的由北向南的创新大网络中处于创新集群的地理与地位上的双重中心地位。张江高科位于北部（包括外高桥、金桥）及南部（包括康桥、南江工业园和临港地区）创新集聚园区的中间，拥有与这些周边创新平台地理上的联结便捷性。同时，张江高科依托金桥和外高桥自贸区制度创新优势，综合利用各个园区不同的产业集群优势，有重点有步骤地推进张江高科园区甚至是整个上海浦东创新大网络的高技术制造业和专业服务的协调融合发展，可见张江高科与其他成员之间紧密的相互依存关系构成了其在整个创新网络的中心地位。张江高科正是借助其在网络中的双重中心地位，与其他成员之间具有频繁而密切的联系，从而成为中心主导型的创新网络结构。张江高科这种网络结构与中关村的信息聚积型网络不同，其缺乏网络内资源流动的关键路径，需要平台的中心成员凭借其在网络中的影响力，通过优化网络资源配置，构建出平台网络的结构洞。

2015年上海发布了《关于加快建设具有全球影响力的科技创新中心的意见》以及相配套的《上海建设具有全球影响力的科技创新中心浦东新区行动方案（2015—2020年）》，明确提出了科创中心至2020年的发展目标。文件指出浦东科创中心要基本形成面向全球的创新要素集聚和辐射功能,因此,张江高科积极鼓励企业设立海外研发机构,以加强平台网络内外的创新联系,实现全球范围内的创新资源流动与共享,丰富平台的创新资源结构洞。文件中要求形成能充分激发平台内各类主体创新活力的制度体系,这催化出平台"孵化＋创投"的新型运营模式,形成了平台网络成员的共同成长、利益共享机制,网络中心位置的成员在这种机制下更易于掌握资源信息流动的关键路径。张江高科凭借优越的网络中心地位开展以上一系列发展举措,有效激发了平台参与主体的创新活力,利用共享机制延伸扩大上海自贸试验区制度成果,加速了创新技术与成果的流转,构建起以人才与资金为主要优势资源的网络结构洞,逐步形成以张江高科为主导中心的面向全球的创新型产业集聚基地。

中关村与张江高科都是我国创新平台发展的成功典范,两者分别抓住了平台网络结构的特点及优势,采取了差异化的创新平台发展策略。其中中关村的人才聚集效应带来丰富的网络结构洞,这正如前文提出的信息聚积型的科创平台网络结构。这种结构具有明显的信息资源优势,同时存在潜在的信息不对称带来的风险,因此政策的引导在这类网络结构类型中非常重要。中关村充分利用网络的信息资源集群以及资源流转的关键路径,依据政策制定有针对性的人才激励和成员合作机制,依靠结构洞优势发展网络成员间的强联结,提升成员的网络中心度。而上海的张江高科则是充分利用其在产业集群中的有利位置与网络中心地位,充分发挥成员间已建立起来的联结,借助一系列的共享激励机制,实现资源在强联结通路中高效流动与转移,形成以张江高科为核心区的上海浦东创新大网络。

三、张江科创平台发展短板

依据前文所论述的科创平台网络类型的理论,应用于对美国硅谷、北京中关村和上海张江高科的科创平台网络分析,可知硅谷属于紧密型网络结构,不同的知识技术资源集聚在不同的主体,同时主体在创新网络中不同的职能分工使资源可以通畅转移,这是信息集聚型网络(中关村为代表)和中心型网络(张江为代表)的创新网络共同的发展目标。信息集聚型与中心主导型是一对对称的网络类型,中关村网络的优势即是张江平台网络所欠缺的,因此,张江高科作为上海科创中心建设的重要承载地,首先,可以从硅谷和中关村的成功经验中识别出发展的短板,分析造成短板的原因,然后,围绕劣势试图从科创平台的网络化发展中寻找发展之路。

第一,缺乏标杆企业,难以形成创新网络协同分工。硅谷的每一次技术变革都会产生新的引擎企业,促进新的创新集群,并通过与其他成员之间的强联系成为新的产业和创新种群的引领者。比如20世纪90年代,形成了以雅虎、谷歌、脸书等互联网企业为引擎的网络经济,而21世纪初在特斯拉的引领下迎来了以绿色经济为核心的产业转型升级。北京中关村则形成了以联想、百度、小米等核心企业的互联网+创新网络。创新中引擎企业很容易吸引同领域的其他企业,与之快速地建立起直接联结,构建起丰富的网络结构洞组织,而张江高科的创新发展过程中却缺乏此类引擎企业,难以掌握和控制网络内非冗余信息资源,则无法利用标杆作用吸引大量价值链上的相关成员以创业方式嵌入,难以形成某一科技领域的科创平台这类专业的科技合作网络,更是无法完成创新网络并形成技术研发分工的构建,最终影响科创中心的转型升级。

第二,缺少投资人身份转变,难以构建完整创业投资链。硅谷无处不在的资金投资人为持续的循环创新提供了不竭的动力,受资助的创业者成功后对其他创新项目进行投资,完成从创业者到投资人的身份转变,逐渐形成一支硅谷庞大且源源不断的投资人群体。而我国项目早期融资虽占投资比例的31.7%,且项目后期由于融资金额大,条件苛刻,更少有项目能完成IPO,这不足以形成创新网络人才循环机制,但创业者向投资人转变在中关村中已初现端倪,比如朱敏、徐小平、雷军等少数人完成了投资人身份的转变。而张江高科的高新技术产业化项目的资金仍主要靠企业自筹或传统银行金融业务,缺乏风险投资,投资人身份的转变则更少。这种现状的背后暴露出平台网络企业对于资源利用与处理的能力欠缺,无法从目前的网络关系中识别与甄选出创新发展的挑战与机遇,难以形成一套符合创新生命周期的完整的创新创业投资链,在这条价值链中合理利用资源,及时调整转换身份。由于缺少健康持续的风险投资以及相关的中介服务支持,特别是对小型项目发展初期的资助缺席,使资金支持薄弱的在校学生和教师的科研项目和技术发明成果难以转化为经济效益,影响了网络中关键创新主体的热情,最终导致了淡薄的张江高科创业氛围。大量具有创新创业活力的中小型企业是创新中心实现科技成果转化的重要力量,他们的缺席将严重影响科创平台目标与功能的实现。

第三,高校缺少科技原动力,难以推动持续创新。斯坦福大学研究所在硅谷创新技术网络中担负着核心结点的作用,它打破了研发与应用的屏障,促进了技术信息的流动,提高了应用效率。由高校研究所凭借科技前沿的洞察力,通过培养相关的人才来主导产业技术的研发与应用。网络中大学的创新成果及人力资源储备为硅谷的产业创造了巨额财富,同时产业为大学提供了丰厚的资金回馈,以保证科研创新活动的循环动力。在硅谷,不提倡项目管理式的片段式创新,而是在注重未来科技发展洞察的基础上,由高校引领发展相关基础学科为市场化应用储备充足的人才资源,技术成果则通过大学衍生企业、技术许可办公室、委托研发、合作研发等途径进入市场。同时,企业对新技术、新知识的需求通过市场反馈,使知识和技术创新在循环往复中形成持久的创新动力。张江科创中多以企业项目研发来推进创新活动,这类补缺式、应急型的创新模式难成系统化发展,缺少具有科技前瞻性的高校作为创新网络的科技推动器,难以高效地积累创新网络持续发展所需的人才、科技教学与研究成果与经验。高校与科研院所在人才培养和技术支持方面的缺失,导致了张江高科在创新道路上最基础的人才与技术创新要素的缺失,从而影响了创新研发与成果转化绩效的主效应失效。

四、张江科创平台发展策略

为实现张江高科的发展目标,基于上述现状的分析以及科创平台网络成果转化成果绩效的内在作用机理的研究,并且结合前文分析中总结的张江高科科创中心发展存在的问题,针对性地提出了如下几点张江高科的发展策略。

第一,树立标杆企业,构建创新产业集群网络,丰富网络结构洞。围绕产业链配套创新链,分别在智慧经济、平台经济、健康经济、绿色经济等创新集群中重点扶持具有集聚效应的核心企业,带领相关企业形成区域性的创新协同,努力搭建科创平台,或者是具有科创平台功能的创新网络联结,培育企业的资源整合能力和网络能力,充实网络形态中的信息桥,构建更丰富的网络结构洞,实现创新要素集聚、流转与共享。占全国 1/5 的跨国研发机构是浦东独特的创新资源,因此张江科创平台不仅能通过产业链上纵向创新的协同分工,也需要横向与高校科研项目进行合作创新。通过作为网络核心的标杆企业带动长江流域的一体化发展,特别是把重大项目创新平台的服务功能向长三角辐射,扩大与充实创新网络规模,吸纳更丰富的创新资源,在更高量级的非重复性信息资源中,识别有价值的信息资源和有前途的合作机遇,在合理范围内的规模效应中探索出一条以浦东张江科创平台为核心的长三角一体化协同创新的发展之路。

第二,提高资源整合能力,完善投融资环境,建全创新投资链。如前文所述,资源整合能力可以从知识吸收能力和技术转移能力两个维度进行考量,其中技术转移可以通过创新网络成员合作过程中的转移与共享,也可以通过从掌握核心技术的创业人在往创新项目的投资人转换的过程中,将创新创业过程中吸收到的知识与技能充分转移至投资项目中去,而且这种方式的转移更有利于构建完整的创新投资链。同时,以科技金融链对接创新产业链,充分利用上海试验自贸区的金融开放政策,实现离岸融资对在岸企业科技融资需求的助力。在宽松的投资政策环境中,提高天使投资在创业创新项目中的比例,开拓融资租赁等灵活的金融合作模式,在战略投资、银行信贷、上市融资、风险投资等多种资金投资形式并举的基础上,关注科研项目的全生命周期,以优厚的投融资政策吸引并鼓励受资人在项目成功后继续以投资人身份投身于创业创新,这种身份的转变可以打破行业、学科、公司的局限,成为创新网络运作的核心人物,并在网络结点集聚信息资源,弥补张江网络形态的短板。同时,改革园区内银行的绩效考核制度,试行产业链网络金融的授信模式,探索专利技术的未来收益权质押等融资模式,以适应高风险的科技贷款业务,并且扩大投资保险业务范围与额度,实现科研、企业、国家多方风险分担。加强创新网络中推动风险投资中介服务的建设,搭建风投行业组织或联盟的平台,促进风投与项目及创业者之间的信息沟通,推动资金与技术和人才的对接,比如基于大数据分析,探索小微企业的信用评价体系,对创新网络中的中小微科技企业开展科技投融资评价,提高科技投资转化效率。引导天使投资、创业投资、风险投资和其他资本之间形成良好的投资产业链条合作关系,最终提高风投对技术创新的贡献,构建张江高科循环创业投资链。

第三,夯实高校基础科研建设,加强校企深度合作,丰富创新要素。依托已建成的北京大学、复旦大学、上海交大、中科大的张江校区,发挥上海科技大学的体制优势,并抓紧推动同济大学等其他高校的张江研究中心建设,将学科建设与人才培养充分融入园区的产业发展,重点开展微纳电子、生物医药、前沿物理、材料工程等领域的理论基础研究以及创新技术市场转化。各高校的张江校区串联起南部的南汇大学城,形成南北贯通的教育研究发展片区,推动设施建设与交叉学科的前沿研究,构建出张江跨学科、跨领域的协同创新网络,成为上海乃至全国重大原始创新的重要策源地。高校资源不仅为创新网络输送人才,还应与园区企业的研发中心进行密切深入的合作,在高校学生及教师的职务创新、风投及企业之间建立适合创业初期企业的利益分享、风险分担激励机制,比如通过技术入股的形式参与利益分配,充分调动创新参与者的积极性,在协同创新中挖掘园区科技创新的原动力,为科创中心发展提供更全面的、更有价值的人才和技术创新要素。在张江园区尝试逐渐给予高校自主权,并提高研究机构的市场化程度,释放高校与科研机构的创新能力,对大型平台设施资源共享模式进行引导。催化出平台"孵化＋创投"的新型租赁共享模式,形成了平台网络成员的共同成长、利益共享机制。

同时,积极推进张江高科的海外人才站的建设,其作为当地创新创业联络站应着力向当地政府、企业、科研机构介绍上海的创新创业整体环境、产业布局以及相关的政策信息。在继美国硅谷及以色列建立海外人才站后,张江高科应围绕重点产业和双创工作,继续拓展更多的海外创新联络站,助推海外的创新技术落地张江,开拓张江企业的全球市场,并借此渠道开展张江高科乃至上海引进人才、技术和项目的工作。

张江科创平台应充分发挥优越的网络中心地位开展以上一系列举措,有效激发参与主体的创新活力,利用共享机制延伸扩大上海试验自贸区制度成果,加速创新技术与成果的流转,构建起以人才与资金为主要优势资源的网络结构,逐步形成以张江高科为主导中心的面向全球的创新型产业集聚基地,打造一个面向行业关键共性技术、促进成果转化的功能平台,最终形成大众创业、万众创新的发展新格局。

第九章

研究结论与展望

本书的研究结论、局限和展望总结如下。

第一节　研究结论

科创中心建设过程中如何提高科技成果转化绩效，真正实现科技的第一生产力，一直是学术界的热点问题。从已有的研究来看，立足于科创平台，研究科创平台网络治理的还不多，以网络嵌入的视角，结合企业能力与创新网络环境分析影响科技成果转化的内在机理机制的研究更为稀少。因此，本书在扎根理论的编码基础上，挖掘出科创平台网络治理的关键治理因素，完成科创平台网络分层次治理的研究框架的搭建，在此基础上分别开展了对科创平台网络结构治理、创新活动治理和关系协调治理的研究，最终得到以下结论。

第一，经过多轮扎根理论分析方法中的开放性编码、主轴编码和选择性编码工作，根据范畴编码中的逻辑故事线，提炼出 9 个主范畴作为科创平台网络治理的关键因素，分别是创新需求、科创政策、关系协调、资源集聚、契约设计、平台网络结构、业务创新、成果转化绩效和平台发展策略，这 9 个治理因素为平台网络治理研究奠定了研究方向。在主范畴中进一步归纳出包括更多内容的 3 核心范畴，分别为网络治理结构要素、平台资源协同要素和企业创新运营要素，这进一步确定了本书的框架，即在核心范畴指导下确定了分层次网络治理的研究路线，这不仅为本书的科创平台主题提供了研究的突破口，对其他创新类网络治理研究也具有一定的借鉴意义。在此基础上继续应用系统分析中的结构模型对科创平台网络治理关键因素之间的关系进行分析，发现"创新资源集聚""关系协调""平台网络结构""科技创新"为等关键因素是科创平台从"科技政策"到实现"成果转化绩效"提升的有效途径,本书以此为线索,构建了科创平台网络成果转化绩效提升的内在机理和调节机理。

第二,科创平台成员所在的外部知识网络和社会关系网络逐渐嵌入,使原来简单线型联系结构呈现出丰富而复杂的社会网络特性,以科创平台的网络特性为研究切入点,以网络嵌入的视角描述了科创平台网络的形式及其网络特征,探索性构建了四种由网络中心度和结构洞共同刻画的创新平台网络类型,分别为松散型、信息聚积型、中心主导型和紧密型网络结构,并对每种平台网络结构成员的行为策略选择进行研究,提出了差异化的平台共创共享发展的策略建议。这四种科络平台类型一定程度上体现了平台网络发展的演化路径,为平台网络结构的发展提供了较为直观的方向和发展策略。

第三,企业在网络嵌入情况下积极采取的资源整合和网络关系管理等行为策略都正向影响了科技成果转化绩效,而且在创新要素与科技成果转化绩效之间起着中介作用。本书在创新要素正向影响创新绩效这一成熟研究成果中挖掘出增长的内在机理,明确在科创平台是如何将资源要素投入实现了成果转化绩效的提高。基于之前的假设被验证成立,即创新要素投入对成果转化绩效有正向的影响,因此,企业在获得常规的创新要素外,企业通过资源整合和网络能力的关系管理获得网络资源是企业创新过程中的重要补充。而且资源与企业能力是一组紧密联系的互动关系,传统的创新要素资源为企业的资源整合能力和网络能力的提供成长的土壤与养料,同时通过企业能力的发挥与运用为企业赢得了更丰富的资源。

第四,网络嵌入对成果转化绩效的影响关系机制的调节效应部分得到验证,具体包括了对创新要素与在关系管理的调节效应得到了验证;对创新要素与资源整合关系的调节效应没有得到验证;对资源整合/关系管理与成果转化绩效关系的调节效应没有得到验证。网络嵌入对创新要素与关系管理关系的倒 U 型调节作用验证显著,说明网络嵌入在一定程度内有助于资源对行为策略的促进作用,但是一味地关注或强调网络嵌入的程度,则其对提高企业网络能力的帮助会变弱,甚至起到反作用,不利于企业网络能力的提高和发挥。从目前的验证结果来看,关于网络嵌入的调节作用只有在科技成果转化绩效提升的内在机理前段,即对"资源—企业能力"阶段中的网络能力部分有调节作用,而对资源整合能力的提高和发挥没有起到作用。这可能说明了资源整合与环境关系不密切,只与其所处理的对象—资源本身有关系,而对于网络关系管理,在一定程度的网络嵌入对其能力的发挥是有效的,因为适合的网络嵌入形态,有助于企业识别网络,并且本身所处的网络位置较适宜时,对网络进行重构和管理也更便利一些。

第二节　研究局限

出于主观能力与客观资源两方面的原因,本书的研究仍存在较多的局限性和不足之处,主要有以下几方面。

(1)样本数据的主观性问题。本书所用的问卷量部分采用了现阶段成熟的量表,其中关于企业成果转化绩效的测度量表则是本书新开发的量表,虽然都有文献支持、学术界和实业界专家们的肯定,并且通过了信度和效度的检验,但是由于问卷采用的是 Likert 五级量表,邀请被调查对象进行打分实现样本数据的收集,这具有较大的主观性,不可避免地影响了研究结论。现有的相关文献中采用客观数据进行测评的例子极少,因此,本书也没有尝试此方法。

(2)网络嵌入指标之间的影响关系挖掘不够。本书对网络嵌入对成果转化绩效的影响,以及对各"资源—行为—绩效"关系机制中的调节效应的分析中,都采用的是单一指标的测量,而缺乏对指标之间互相影响的探索。网络是一种复杂的形态,网络内资源、关系、结构等丰富而错综交织,单指标恐难以概括全貌,而多指标的应用需要考虑指标之间的牵制影响。本书分析网络嵌入虽然采用三个维度,但并没有探讨三个维度指标之间可能存在的替代关系、抵消关系或互补关系,这可能对网络嵌入影响科创平台网络创新绩效作用机理分析产生偏差。

(3)缺乏周期性的动态研究。一方面,网络嵌入是一个具有动态特征的变量,在不同时期,企业发展的不同阶段,企业与网络伙伴之间的关系会有明显的差异,而且,企业不同的发展阶段对资源的要求也会不同,这也会倒逼企业调整网络嵌入结构,因此,对网络嵌入需要有动态的视角进行测度。另一方面,网络嵌入程度的差异影响企业获取资源的种类与质量,也会影响企业的行为与能力,但这些影响在实际业务中是难以瞬间引起行为、能力乃至绩效的显著变化,都是具有一定的时滞性的。因此需要以动态的视角研究该问题。但是受本书研究条件所限,收集的样本数据都是横截面数据,难以检验周期性的发展变化。

第三节　研究展望

随着科创中心建设日益受到重视,对科创中心的创新活动绩效提高有关的研究仍具有重大的理论和现实意义,值得在此领域进一步地深入探讨。在本书研究的基础上,在今后的研究中可以从以下几方面进行深化与拓展。

(1)研究样本的选择与收集方面。未来的研究可以针对科创中心的科创平台网络内的企业进行追踪调查,收集纵向的时间序列数据对理论假设进行实证检验(比如在企业各个发展阶段,网络嵌入程度的变化,以及对企业创新发展的不同影响),拓展研究的有效性。另外,还可以在理论模型中加入创业绩效,讨论"网络嵌入—创业认知—资源获取—创新绩效"之间的逻辑关系,也许会有新的学术发现。

(2)本书研究了网络能力对科技成果转化绩效的影响,但是企业的网络能力是通过怎样的渠道,需要怎样的治理策略,这些单靠构建概念模型与研究假设是难以进行解释的,今后的研究需要对作用机制进行深入研究。而且,关于网络能力对创新企业的重要意义从理论上得到了验证,但如何对平台网络的企业进行解释和推广是值得后续深入研究的。

(3)本书研究了网络嵌入对创新企业行策略的影响,但这种研究还是初步的,特别是关于网络嵌入对科创平台网络创新活动影响的分析维度较单一,今后的研究需要寻找理论支持,系统化地理清网络嵌入中各维度指标的内在关系,挖掘指标间的相互影响,而且在数据实证分析时,要设计一套"标准化"的指标,或者找到有效的"嵌套"变量来消除网络嵌入作为调节变量时的内部影响效果。

参考文献

[1] 艾冰,陈晓红.政府采购与自主创新的关系[J].管理世界,2008(3):169-170.

[2] 白鸥,魏江,斯碧霞.关系还是契约:服务创新网络治理和知识获取困境[J].科学学研究,2015,33(09):1432-1440.

[3] 边燕杰,丘海雄.企业的社会资本及其功效[J].中国社会科学,2000(02):87-99+207.

[4] 蔡跃洲.科技成果转化的内涵边界与统计测度[J].科学学研究,2015,33(01):37-44.

[5] 蔡珍红.知识位势、隐性知识分享与科研团队激励[J].科研管理,2012,33(04):108-115.

[6] 曹红军,卢长宝,王以华.资源异质性如何影响企业绩效:资源管理能力调节效应的检验和分析[J].南开管理评论,2011,14(04):25-31.

[7] 曹兴,宋娟,张伟,任胜刚.技术联盟网络知识转移影响因素的案例研究[J].中国软科学,2010(04):62-72+182.

[8] 曹勇,苏凤娇.高技术产业技术创新投入对创新绩效影响的实证研究——基于全产业及其下属五大行业面板数据的比较分析[J].科研管理,2012,33(09):22-31.

[9] 程德俊,赵曙明.资源基础理论视角下的战略人力资源管理[J].科研管理,2004(05):52-59.

[10] 成力为,孙玮,王九云.引资动机、外资特征与我国高技术产业自主创新效率[J].中国软科学,2010(07):45-57+164.

[11] 陈菲琼,任森.创新资源集聚的主导因素研究:以浙江为例[J].科研管理,2011,32(1):89-96.

[12] 陈劲.技术创新的系统观与系统框架[J].管理科学学报,1999(03):66-73.

[13] 陈劲,李飞宇.社会资本:对技术创新的社会学诠释[J].科学学研究,2001(03):102-107.

[14] 陈爽英,井润田,龙小宁,邵云飞.民营企业家社会关系资本对研发投资决策影响的实证研究[J].管理世界,2010(01):88-97.

[15] 陈荣德.组织内部社会网络的形成与影响:社会资本观点[D].台北:中山大学,2004.

[16] 陈勇星,屠文娟,季萍,杨晶照.江苏实施创新驱动战略的对策研究[J].科技管理研究,2012,32(20):37-41.

[17] 陈运森.社会网络与企业效率:基于结构洞位置的证据[J].会计研究,2015(01):48-55＋97.

[18] 党兴华,王方.核心企业领导风格、创新氛围与网络创新绩效关系研究[J].预测,2014,33(02):7-12.

[19] 党兴华,肖瑶.基于跨层级视角的创新网络治理机理研究[J].科学学研究,2015,33(12):1894-1908.

[20] 邓英.网络能力与企业竞争优势关系的实证研究[J].经济地理,2009,29(9):1518-1523.

[21] 刁晓纯,苏敬勤.工业园区产业生态网络绩效测度研究[J].科研管理,2008,29(3):153-158.

[22] 肖东坡.基于网络能力的电视传媒营销模式研究[D].北京:北京交通大学,2014.

[23] 董保宝,葛宝山.新创企业资源整合过程与动态能力关系研究[J].科研管理,2012,33(02):107-114.

[24] 段婕,刘勇.科技成果转化对我国区域经济增长的有效性评价:基于2003—2008年面板数据的实证分析[J].科技进步与对策,2011(6):136-140.

[25] 方刚.基于资源观的企业网络能力与创新绩效关系研究[D].杭州:浙江大学,2008.

[26] 费孝通.差序格局/费孝通.乡土中国.生育制度[M].北京:北京大学出版社,1998.

[27] 冯峰,马雷,张雷男.外部技术来源视角下我国高技术产业创新绩效研究[J].中国科技论坛,2011(10):42-48.

[28] 郭英远,张胜.科技人员参与科技成果转化收益分配的激励机制研究[J].科学学与科学技术管理,2015,36(07):146-154.

[29] 郝生宾,于渤.企业网络能力对自主创新影响的实证研究[J].科学学与科学技术管理,2009(4).

[30] 贺德方.对科技成果及科技成果转化若干基本概念的辨析与思考[J].中国软科学,2011(11):1-7.

[31] 黄劲松,郑小勇.是契约、信任还是信心促成了产学研合作?——两个产学研联盟案例的比较研究[J].科学学研究,2015,33(05):734-740＋757.

[32] 贾生华,吴波.基于声誉的私人契约执行机制研究[J].南开经济研究,2004,6(6):16-20.

[33] 简兆权,陈键宏,王晨.政治和商业关联、知识获取与组织创新关系研究[J].科研管理,2014,35(10):17-25.

[34] 解学梅.中小企业协同创新网络与创新绩效的实证研究[J].管理科学学报,2010(8):

51-64.

[35] 雷如桥,陈继祥,刘芹.基于模块化的组织模式及其效率比较研究[J].中国工业经济, 2004,199(10):83-90.

[36] 李德辉,范黎波,杨震宁.企业网络嵌入可以高枕无忧吗——基于中国上市制造业企业 的考察[J].南开管理评论,2017,20(01):67-82.

[37] 李培楠,赵兰香,万劲波.创新要素对产业创新绩效的影响——基于中国制造业和高技 术产业数据的实证分析[J].科学学研究,2014,32(4):604-612.

[38] 李维安,林润辉,范建红.网络治理研究前治与述评[J].南开管理评论,2014(17):42-53.

[39] 李文博,郑文哲,刘爽.产业集群中知识网络结构的测量研究[J].科学学研究,2008 (04):787-792.

[40] 刘家树,菅利荣.知识来源、知识产出与科技成果转化绩效--基于创新价值链的视角[J]. 科学学与科学技术管理,2011,32(06):33-40.

[41] 刘希宋,姜树凯.科技成果转化委托代理的博弈分析[J].科技管理研究,2008(4): 196-197.

[42] 刘学元,丁雯婧,赵先德.企业创新网络中关系强度、吸收能力与创新绩效的关系研究 [J].南开管理评论,2016,19(1):30-42.

[43] 卢丽娟,简兆权.联盟知识交易过程中的企业行为策略研究[J].科研管理,2014,35 (07):130-137.

[44] 龙静.创业关系网络与新创企业绩效——基于创业发展阶段的分析[J].经济管理, 2016,38(05):40-50.

[45] 卢珊,赵黎明.政府税收和补贴政策对孵化器与创投合作行为影响的研究[J].软科学, 2011,25(11):69-72.

[46] 吕立志.论新资源在新经济中的地位和作用[J].中国软科学,2001(9):221-251.

[47] 罗珉,刘永俊.企业动态能力的理论架构与构成要素[J].中国工业经济,2009(01): 75-86.

[48] 马刚.基于战略网络视角的产业区企业竞争优势实证研究——以浙江两个典型的传统 优势产业区为例[D].杭州:浙江大学,2005.

[49] 马海涛,方创琳,吴康.链接与动力:核心节点助推国家创新网络演进[J].中国软科学, 2012(2):88-95.

[50] 马鸿佳,董保宝,葛宝山.资源整合过程、能力与企业绩效关系研究[J].吉林大学社会科 学学报,2010,51(4):71-78.

[51] 马鸿佳.创业环境、资源整合能力与过程对新创企业绩效的影响研究[D].长春:吉林大

学,2008.

[52] 马涛,赵宏.滨海新区区域科技创新平台网络化发展研究[J].科学学与科学技术管理, 2011,32(3):74-77.

[53] 欧庭高,邓旭霞.创新系统的要素与纽带[J].系统科学学报,2005,15(3)37-41.

[54] 彭新敏,吴晓波,吴东.基于二次创新动态过程的企业网络与组织学习平衡模式演 化——海天1971～2010年纵向案例研究[J].管理世界,2011(4):138-149.

[55] 彭正龙,王海花,王晓灵.开放式创新与封闭式创新的比较研究:基于资源共享度[J].研 究与发展管理,2011,23(4).

[56] 任胜钢,孙丽苹.企业网络能力结构的测度及对创新绩效的影响机制研究[J].南开管理 评论,2010,13(1):69-80.

[57] 邵云飞,庞博,方佳明.IT能力视角下企业内部多要素协同与创新绩效研究[J].管理评 论,2018,30(06):70-80.

[58] 沈菊琴,熊珂,卢小广,王伟.主成分分析法在县域工业科技成果转化绩效评价的运用 [J].科技管理研究,2009,29(05):178-180.

[59] 石军伟,付海艳.企业的异质性社会资本及其嵌入风险——基于中国经济转型情境的 实证研究[J].中国工业经济,2020(11):109-119.

[60] 孙国强.关系、互动与协同:网络组织的治理逻辑[J].中国工业经济,2003(11).

[61] 孙维峰,黄祖辉.广告支出、研发支出与企业绩效[J].科研管理,2013,34(2):44-51.

[62] 唐五湘.科技评估指标体系设计的原则及其应用研究[J].中国软科学,2000(2):48 51.

[63] 万良勇,郑小玲.董事网络的结构洞特征与公司并购[J].会计研究,2014(05):67-72 ＋95.

[64] 万幼清,王云云.产业集群协同创新的企业竞合关系研究[J].管理世界,2014(8): 175-175.

[65] 汪良兵,洪进,赵定涛.中国技术转移体系的演化状态及协同机制研究[J].科研管理, 2014(5):1-2.

[66] 王斌,谭清美.要素投入能推动高技术产业创新成果的转化吗?[J].科学学研究,2015, 33(06):850-858.

[67] 王桂月,邓立治,王树恩.产品创新人才的知识管理评价研究[J].科技管理研究,2008 (06):444-446.

[68] 王国顺,胡莎.企业国际化与经营绩效:中国制造业上市公司的实证研究[J].系统工程, 2006(12):80-83.

[69] 王海花,谢富纪.企业外部知识网络能力的结构测量——基于结构洞理论的研究[J].中

国工业经济,2012(07):134-146.

[70] 王辉. 渠道冲突解决策略的前因与绩效研究[D].武汉:武汉大学,2014.

[71] 王璐,高鹏.扎根理论及其在管理学研究中的应用问题探讨[J].外国经济与管理,2010,32(12):10-18.

[72] 王萌萌,马超群,姚铮.创新资源集聚水平对高技术产业创新绩效影响的实证研究[J].科技管理研究,2015(9):13-19.

[73] 王伟光,冯荣凯,尹博.产业创新网络中核心企业控制力能够促进知识溢出吗?[J].管理世界,2015(6).

[74] 王晓娟. 知识网络与集群企业竞争优势研究[D].杭州:浙江大学,2007.

[75] 王燕妮,张永安.汽车核心企业内外创新网络对创新绩效的影响机理研究[J].经济管理,2013,35(04):141-152.

[76] 王一卉.政府补贴、研发投入与企业创新绩效——基于所有制、企业经验与地区差异的研究[J].经济问题探索,2013(7):138-143.

[77] 王宇露,李元旭.海外子公司东道国网络结构与网络学习效果——网络学习方式是调节变量吗[J].南开管理评论,2009,12(03):142-151+160.

[78] 王玉,邓艳宾.长三角高新技术企业创新网络中关系管理能力与利用式合作创新关系研究[J].现代管理科学,2017(04):24-26.

[79] 邬爱其.企业创新网络构建与演进的影响因素实证分析[J].科学学研究,2006(1):141-149.

[80] 吴鼎福.高校科技成果转化为生产力的机制[J]. 科技管理研究,1992(5):20-21

[81] 吴结兵,徐梦周.网络密度与集群竞争优势:集聚经济与集体学习的中介作用——2001—2004 年浙江纺织业集群的实证分析[J].管理世界,2008(08):69-76+187-188.

[82] 吴绍玉,王栋,汪波,李晓燕.创业社会网络对再创业绩效的作用路径研究[J].科学学研究,2016,34(11):1680-1688.

[83] 吴晓波,韦影.制药企业技术创新战略网络中的关系性嵌入[J].科学学研究,2005,23(4):561-565.

[84] 吴晓波,许冠南,杜健. 网络嵌入性:组织学习与创新 [M]. 北京:科学出版社,2011.

[85] 吴延兵.中国工业 R&D 投入的影响因素[J].产业经济研究,2009(06):13-21.

[86] 谢家林.实地研究中的问卷调查法[A].陈晓萍,徐淑英,樊景立.组织与管理研究的实证方法[C]. 2 版.北京:北京大学出版社,2012.

[87] 谢家平,孔詠炜,张为四.科创平台的网络特征、运行治理与发展策略——以中关村、张江园科技创新实践为例[J].经济管理,2017,39(05):36-49.

[88] 谢永平,党兴华,张浩淼.核心企业与创新网络治理[J].经济管理,2012,34(3):60-67.

[89] 谢振东. 产业集群背景下企业社会网络与创业绩效的关系研究[D].杭州:浙江大学,2007.

[90] 邢小强,仝允桓.网络能力:概念、结构与影响因素分析[J].科学学研究,2006(12):558-563.

[91] 徐晨,邵云飞.基于 DEA 的科技成果转化绩效评价研究[J].电子科技,2010,23(07):58-61.

[92] 徐金发,许强,王勇.企业的网络能力剖析[J].外国经济与管理,2001,23(11):21-25.

[93] 徐晓.专业科研机构创新绩效与成果转化率评价研究[J].科学管理研究,2017,35(02):43-46.

[94] 徐笑君.文化差异对美资跨国公司总部知识转移影响研究[J].科研管理,2010,31(04):49-58.

[95] 许冠南.关系嵌入性对技术创新绩效的影响研究-基于探索型学习的中介机制[D].杭州:浙江大学,2008.

[96] 许婧珺. 政府补助对企业创新要素投入的激励效应研究[D].杭州:杭州电子科技大学,2014.

[97] 许庆瑞,蒋健,郑刚.各创新要素全面协调程度与企业特质的关系实证研究[J]研究与发展管理,2005,17(3):16-21.

[98] 闫冰,冯根福.基于随机前沿生产函数的中国工业 R&D 效率分析[J].当代经济科学,2005(06):14-18+108.

[99] 阎为民,周飞跃.高校科技成果转化绩效模糊评价方法研究[J].研究与发展管理,2006(06):129-133.

[100] 杨国枢. 社会及行为科学研究法[M].重庆:重庆大学出版社,2006.

[101] 杨虹,陈莉平.社会网络嵌入视角下企业间的知识学习[J].东南学术,2008(04):42-47.

[102] 杨新子,汪波.科技型中小企业科技成果转化过程中的动态博弈分析[J].天津大学学报(社会科学版),2008(05):385-388.

[103] 杨栩,于渤.我国科技成果转化效率综合评价研究[J].商业研究,2012(08):81-84.

[104] 杨震宁,李东红,范黎波.身陷"盘丝洞":社会网络关系嵌入过度影响了创业过程吗?[J].管理世界,2013(12):101-116.

[105] 余吉安. 企业资源集成及其能力研究[D].北京:北京交通大学,2009.

[106] 喻金田,谢科范.论三维式科技成果转化机制[J].科学管理研究,1997,15(1):37-41.

[107] 张丹宁,唐晓华.网络组织视角下产业集群社会责任建设研究[J].中国工业经济,2012

(3).

[108] 张慧颖,史紫薇.科技成果转化影响因素的模糊认知研究——基于创新扩散视角[J].科学学与科学技术管理,2013,34(05):28-35.

[109] 张光曦.如何在联盟组合中管理地位与结构洞?——MOA模型视角[J].管理世界,2013(11):89-100.

[110] 张俊芳,郭戎.我国科技成果转化的现状分析及政策建议[J].中国软科学,2010(2):137-141.

[111] 张炜.智力资本与组织创新能力关系实证研究——以浙江中小技术企业为样本[J].科学学研究,2007,25(5):1010-1013.

[112] 张玉臣,吕宪鹏.高新技术企业创新绩效影响因素研究[J].科研管理,2013,34(12):58-65.

[113] 周小虎,陈传明.企业社会资本与持续竞争优势[J].中国工业经济,2004(05):90-96.

[114] 朱桂龙,彭有福.产学研合作创新网络组织模式及其运作机制研究[J].软科学,2003,17(4):49-52.

[115] 朱晓琴.企业网络能力、跨组织知识管理与创新绩效的关系研究[D].成都:西南财经大学,2011.

[116] 朱秀梅,陈琛,杨隽萍.新企业网络能力维度检验及研究框架构建[J].科学学研究,2010(8):1222-1229.

[117] 朱苑秋,谢富纪.长三角大都市圈创新要素整合[J].科学学与科学技术管理,2007(1):97-100.

[118] 邹艳,张雪花.企业智力资本与技术创新关系的实证研究——以吸引能力为调节变量[J].软科学,2009,23(3):71-76.

[119] AHUJA G. Collaboration networks, structural holes, and innovation: a longitudinal study[J]. Administrative science quarterly,2000,45(3): 425-455.

[120] ANDERSSON U, FORSGREN M, HOLM U. Administrative science the strategic impact of external networks: Subsidiary performance and competence development in the multinational corporation [J]. Strategic management journal, 2002,23(11): 979-996.

[121] ANIL K. GUPTA,VIJAY GOVINDARAJAN. Knowledge flows within multinational corporations[J]. Strategic management journal, 2000,21(4):473-496.

[122] ARGOTE L. Organizational learning: creating, retaining and transferring knowledge [M]. New York:Springer,2013.

[123] ARORA A,GAMBARDELLA A. Evaluating technological information and utilizing

it-scientific knowledge, technological capability, and external linkages in biotechnology [J]. Journal of economic behavior & organization, 1994(24): 91-114.

[124] BARNEYJ B. Firm resources and sustained competitive advantage [J]. Journal of management, 1991,17(1): 99-120.

[125] BATJARGAL B., N., LIU M. Entrepreneurs'access to private equity in China: the role of social capital[J]. Organization science,2004,15(2):159-172.

[126] BAUM, J., A. C., CALABRESE, T., SILVERMAN, B. S.. Don't go it alone: alliance network composition and startup's performance in canadian biotechnology [J]. Strategic management journal, 2000(6): 267-294.

[127] BELL,G, G. Clusters, networks, and firm innovativeness[J].Strategic management journal,2005(26):287-295.

[128] BENNER M. J., TUSHMAN M. L. Reflections on the 2013 decade award: exploitation,and process management: the productivity dilemma revisited ten years later[J]. Academy of management review,2015,40(4): 497-514.

[129] BINELLI C, MAFFIOLI A. A micro-econometric analysis of public support to private R&D in Argentina [J]. International review of applied economics, 2007, 21(3): 339-359.

[130] BIRGER WERNERFELT, A resource-based view of the firm [J]. Strategic management journal, 1984,5(2):171-180.

[131] BøLLINGTOFT, A.. The bottom-up business incubator: leverage to networking and cooperation practices in a self-generated, entrepreneurial-enabled environment[J]. Tech-novation, 2012, 32(5): 304-315.

[132] BONNER J M, KIM D, CAVUSGIL S T. Self-perceived strategic network identity and its effects on market performance in alliance relationships[J]. Journal of business research, 2005, 58(10):1371-1380.

[133] BRONISLAN MALINOWSKI. Ethnology and the study of society[J]. Economic, 1922, 10(6),208-219.

[134] BRONZINI, R, E. IACHINI. Are incentives for R&D effective?: evidence from a regression continuity approach[M].Roma:Banca D'Italia,2011.

[135] BRUSH, C., GREENE, P., HART, M.M., HALLER, H. S.. From Initial idea to unique advantage: the entrepreneurial challenge of constructing a resource base[J]. Academy of management, 2001, 15(1): 64-81.

[136] BURT, R. S., KILDUFF, M., TASSELLI, S.. Social network analysis: foundations and frontiers on advantage[J]. Annual review of psychology, 2013, (64): 527-547.

[137] BURT, R. S.. Structural holes and new ideas[J]. American journal of sociology, 2004 (2): 349-369.

[138] BURT, R. S. Structural holes: the social structure of competition[M]. Cambridge, MA: Harvard University Press, 1992.

[139] C. VAN DEN BULTE and S. WUYTS. Social networks and marketing, MSI relevant knowledge series[M]. Cambridge, MA: Marketing science institute, 2007.

[140] CANER T. Geographical Clusters, Alliance network structure and innovation in the US biopharmaceutical industry [D]. Unpublished doctoral sideration paper of University of Pittsburgh, 2007.

[141] CAPALDO, A. Network structure and innovation: The leveraging of a nual network as a sistinctive relational capability [J]. Strategic management journal, 2007, 28 (6): 585-608 .

[142] CARNEY, M.. The Competitiveness of networked production: the role of trust and asset specificity Banca D'Italia[J]. Journal of management studies, 1998, 35 (4): 457-479.

[143] CASSIMAN B, VEUGELERS R. In search of complementarity in innovation strategy: internal R&D and external knowledge acquisition[J]. Management science, 2006, 52 (1): 68-82.

[144] CATHERINE L. WANG, PERVAIZ K. AHMEN. Dynamic capabilities: a review and research agenda[J]. International journal of management reviews , 2007, 9 (1): 31-51 .

[145] CHANG C. H., JACKSON S.E., JIANG YUAN. Can knowledge-intensive teamwork be managed? examining the roles of HRM systems, leadership, and tacit knowledge [J]. Journal of management, 2016(2): 524-554.

[146] CHRISTENSEN C. M. The innovator's dilemma: when new technologies cause great firms to fail[M]. Boston: Harvard business review press, 2013.

[147] COHEN, WM., Levinthal, D. A. Absorptive capacity: a new perspective on learning and innovation[J]. Administrative science quarterly, 1990, 35(1): 128-152.

[148] COLEMAN, J. S.. Social capital in the creation of human capital[J]. Journal of sociology, 1988(94): 95-120.

[149] CONSTANCE E. Helfat, Evolutionary trajectories in petroleum firm R&D [J]. Management science, 1994,40(12):1579-1763.

[150] CROSS R,CUMMINGS J N.Tie and network correlates of individual performance in knowledge intensive work [J]. Academy of management journal, 2004, 47 (6): 928-937.

[151] CUMMINGS,J.,L.Transferring R&D knowledge: the key factor affecting knowledge transfer success[J]. Journal of engineering technology management, 2003, 20 (4): 39-68.

[152] DACINM T, VENTRESCA M J, BEAL B D. The embeddedness of organizations: dialogue & directions[J]. Journal of management, 1999,25(3): 317-356.

[153] DAKHLI M,DE CLERCQ D. Human capital, social capital, and innovation: a multi-country study[J]. Entrepreneurship & regional development,2004,16(2): 107-128.

[154] DAS T K,TENG B S. Trust, control, and risk in strategic alliances: an integrated framework[J]. Organization studies, 2001,22(2): 251-283.

[155] DAWAR N, Frost T. Competing with giants: survival strategies for local companies in emerging markets[J]. Harvard business review, 1999,77(2): 119-129.

[156] DAVID AHLSTROM, GARRY D. BRUTON. Rapid institutional shifts and the coevolution of entrepreneurial firms in transition economics [J]. Entrepreneurship theory and practice, 2010,83(5): 531-554.

[157] DAVID P A., HALL B. H., TOOLE A. A.. Is public R&D a complement or substitute for private R&D? a review of the cconometric evidence [J]. Research policy,2000, 29(4): 497-529.

[158] DAYASINDHU N. Embeddedness, knowledge transfer, industry clusters and global competitiveness: a case study of the Indian software industry [J]. Technovation, 2002,22(9): 551-560.

[159] DE BRESSON CHRISTIAN. An entrepreneur cannot innovate alone: networks of enterprises are required[C]. Paper Presented at the DRUID Conference on Systems of Innovation, Aalborg,Denmark,1999: 9-11.

[160] DE-NOOY, W., MRVAR, A., BATAGELJ, V. Exploratory social network analysis with pajek[M]. New York: Cambridge university press, 2005.

[161] DHANARAJ C., PARKHE A. Orchestrating innovation networks[J]. Academy of management review, 2006,31(3):659-669.

［162］DOMINC,S.,K.,LIM,ERIC A.,MORSE,RONALD K.,MITCHELL KRISTIE K.S.. Institutional environment and entrepreneurial cognitions: a comparative business systems perspective [J]. Entrepreneurship theory and practice,2010,83(5):491-516.

［163］DOUGHERTY, D., HARDY, C.. Sustained product innovation in large, mature organizations: overcoming innovation to organization problems [J]. Academy of management journal, 1996(39):1120-1153.

［164］DUST S. B., RESICK C. J., MAWRITZ M. B.. Transformational leadership, psychological empowerment, and the moderating role of mechanistic-organic contexts [J]. Journal of organizational behavior,2014,35(3): 413-433.

［165］DYER, J. H., NOBEOKA, K.. Creating and managing a high-performance knowledge-sharing network: the TOYOTA case [J]. Strategic management journal, 2000, 21(3): 345-367.

［166］EHIE I C,OLIBE K. The effect of R&D investment on firm value: an examination of US manufacturing and service industries [J]. International journal of production economics,2010,128(1): 127-135.

［167］ETZKOWITZ. H., LEYDESDORFF, L. The triple helix of university-industry-government relation: a laboratory for knowledge-based economic development [J]. EASST review, 1996,14(1): 14-19.

［168］FAEMS D, VISSER M, ANDRIES P,VAN LOOY B. Technology alliance portfolios and financial performance: value-enhancing and cost increasing effects of open innovation[J]. Journal of product innovation management, 2010,27(6):785-796.

［169］FIGUEIREDO P N. The role of dual embeddedness in the innovative performance of MNE subsidiaries: evidence from Brazil[J]. Journal of management studies, 2011,48 (2): 417-440.

［170］FLATTEN, T. C., ENGELEN, A., ZAHRA, S. A., BRETTEL, M.. A measure of absorptive capacity: scale development and validation[J]. European management journal, 2011,29(2): 98-116.

［171］FRACASSI,C.,TATE,G..External Networking and internal firm governance[J]. The journal of finance,2012,67(1):153-194.

［172］FREEMAN,C. Technology, policy, and economic performance: lessons from Japan [M].London: Pinter publishers, 1987.

［173］FOUCAULT M. The order of discourse: Inaugural lecture delivered at the Collège de

France [A]. Shapiro M J. language and politics[C]. New York: New York university press,1984: 108-167.

[174] FU, P. P., TSUI, A. S., DESS, G. G.. The Dynamics of guanxi in chinese hightech firms: implications for knowledge management and decision making[J]. Management international review, 2006, 46(3): 277-305.

[175] GANESAN S. Determinants of long-term orientation in buyer-seller relationships[J]. The journal of marketing, 1994:1-19.

[176] GARNER J L, NAM J, OTTOLB R E. Determinants of corporate growth opportunities of emerging firms [J]. Journal of economics and business,2002,54(1): 73-93.

[177] GE, B. S., DONG, B. B. Resource integration process and venture performance: based on the contingency model of resource integration capability[C]. International conference on management science and engineering at Long Beach, USA, 2008(10): 281-288.

[178] GIBBENS, M. et al. The production of knowledge: the dynamics of science and research in contemporary societies[M]. London:Sage.

[179] GILLILAND D I,BELLO D C. Two sides to attitudinal commitment: the effect of calculative and loyalty commitment on enforcement mechanisms in distribution channels[J]. Journal of the academy of marketing science, 2002,30(1): 24-43.

[180] GILSING, V., B. Nooteboomb, W. Vanhaverbekec, G. Duystersd. Network embeddedness and the exploration of novel technologies: technological distance, betweenness centrality and density [J]. Research policy, 2008,37(10).

[181] GLASER, B. G., Strauss, A. L. The Ddscovery of grounded theory: strategies for qualitative research[M].Chicago,IL: aldine transaction,1967.

[182] GNYAWALI, D. R., MADHAVAN, R. Cooperative networks and competitive dynamics: a structural embeddedness perspective [J]. Academy of management review, 2001, 26(3).

[183] GOOLSBEE A. Does government R&D policy mainly benefit scientists and engineers? [R]. National bureau of economic research,1998: 3-11.

[184] GOPAL A,GOSAIN S. The role of organizational controls and boundary spanning in software development out-sourcing: implications for project performance [J]. Information systems research,2010,21(4): 960-982.

[185] GRANOVETTER M S. The strength of weak ties[J]. American journal of sociology, 1973:1360-1380.

[186] GRANOVETTER M. Economic action and social structure: the problem of embeddedness[J]. American journal of sociology, 1985: 481-510.

[187] GRANOVETTER M. Economic institutions as social constructions: a framework for analysis[J]. Actasociologica, 1992,35(1): 3-11.

[188] GRANT R. M. The resource-based theory of competitive advantage implications for strategy formulation [J]. California management review, 1991,33 (3):114-135.

[189] GULATI R. Alliances and networks[J].Strategic management journal ,1998,19(4): 293-317.

[190] GULATI R., SYTCH M.. Dependence asymmetry and joint dependence in interorganizational relationships: effects of embeddedness on a manufacturer's performance in procurement relationships[J].Administrative science quarterly, 2007, 52(1): 32-69.

[191] GULATI R, GARGIULO M. Where do interorganizational networks come from? [J]. American journal of sociology,1999,104(5): 1439-1493.

[192] GUNDLACH G T, ACHROL R S, MENTZER J T. The structure of commitment in exchange[J]. Journal of marketing, 1995,59(1).

[193] H SAUERMANN, M ROACH. Increasing web survey response rates in innovation research: An experimental study of static and dynamic contact design features[J]. Research policy, 2013 , 42 (1):273-286.

[194] HAGEDOOM, J., N. ROIJAKKERS, and H. KRANENBURY. Inter-firm R&D networks: the importance of strategic network capabilities for high-tech partnership formation [J]. British journal of management,2006(17).

[195] HAKANSSON H.. Understanding business markets[M]. New York: Croom Helm, 1987.

[196] HALINEN A, TSRNROOS J A. The role of embeddedness in the evolution of business networks[J].Scandinavian journal of management, 1998,14(3): 187-205.

[197] HANSEN, M. The search-transfer problem: The role of weak ties in sharing knowledge across organization subunits[J].Administrative science quarterly,1999,44 (1):82-111.

[198] HANSEN, P.K., MABOGUNJE, A., MOELLER HAASE, L..Get a grip on sense making and exploration[J]. Proceedings of the IEEM 2009, Hong Kong ,2009.

[199] HENRIC.DEKKER. Value chain analysis in inter-firm relationships: a field study[J]. Management accounting research,2003(14):1-23.

[200] HIPPEL, E. VON., KROGH, G. VON.. Open source software and the "private-collective" innovation model: issues for organization science[J]. Organization science, 2003, 14(2): 209-223.

[201] HO YUNG-CHING, TASI TSUI-HSU. The Impact of dynamic capabilities with market orientation and resource-based approaches on NPD project performance[J]. Journal of American academy of business, 2006,8(1).

[202] HOLMEN E, PEDERSEN A C. Strategizing through analyzing and influencing the network horizon[J]. Industrial marketing management, 2003, 32(5):409-418.

[203] HOTTENROTT H, LOPES-BENTO C. R&D partnerships and innovation performance: can there be too much of a good thing? [J]. Journal of product innovation management, 2016,33(6):773-794.

[204] HSU YAHUI, WENCHENG FANG. Intellectual capital and new product development performance: The mediating role of organizational learning capability[J]. Technological forecasting and social change,2009,76(5):664-677.

[205] HULT G.,TOMAS M., DAVID J. KETCHENJR. Does market orientation matter? a test of the relationship between positional advantage and performance[J]. Strategic management journal,2001,22(3): 899-990.

[206] HURWITZ JASON, STEPHEN LINES, BILL MONTGOMERY. The linkage between management practices, intangibles performance and stock returns[J]. Journal of intellectual capital,2002,3(1):51-61.

[207] IBARRA, H. Network Centrality, Power, and innovation involvement: determinants of technical and administrative roles[J]. Academy of management journal, 1993, 36(3).

[208] J SENYARD,P DAVIDSSON, P STEFFENS. Bricolage and firm performance: the moderating role of the environment [C]. Australian center for entrepreneurship research exchange conference 2015 proceedings, University of adelaide, Adelaide, South Australia, 2005: 857-971.

[209] JAY B. BARNEY, Strategic factor markets: expectations, luck, and business strategy[J]. Management science, 1986,32(10): 1231-1241.

[210] JIM DEWALD,FRANCES BOWEN. Storm clouds and silver linings: responding to disruptive innovations through cognitive resilience[J]. Entrepreneurship theory and

practice. 2009,3(1):197-216.

[211] JULIA, L., LIN, S. C., FANG, S. R., FANG, F. S. Network embeddedness and technology transfer performance in R&D consortia in Taiwan[J]. Technovation,2009, 29(11): 763-774.

[212] KALE, P., DYER, J., SINGH, H.. Value creation and success in strategic alliances: alliancing skill and the role of alliance structure and system[J]. European management journal, 2001, 19(5): 463-471.

[213] KANG K, PARK H. Influence of government R&D support and inter-firm collaborations on innovation in Korean biotechnology SMEs [J]. Technovation, 2012, 32(1):68-78.

[214] KESSLER E H, BIERLY P E, Gopalakrishnan S. Internal vs. external learning in new product development: effects on speed, costs, and competitive advantage [J]. R&D management, 2000, 30(3):213-223.

[215] KLEIN, K. J., LIM, B. C., SALTZ, J. L., MAYER, D. M.. How do they get there? an examination of the antecedents of centrality in team networks[J]. Academy of management journal, 2004, 47(6): 952-963.

[216] KOELLER C T. Innovation, market structure and firm size: a simultaneous equations model [J]. Managerial and decision economics, 1995, 16(3):259-269.

[217] KOGUT B, ZANDER U. Knowledge of the firm, combinative capabilities, and the replication of technology[J]. Organization science,1992, 3(3): 383-397.

[218] KRACKHARDT D. The strength of strong ties: The importance of philos in organizations[J]. Networks and organizations: structure, form, and action, 1992, 216:239.

[219] KREISER, P. M.. Entrepreneurial orientation and organizational learning: the impact of network range and network closure[J]. Entrepreneurship theory and practice, 2011, 35(5): 1025-1050.

[220] KREPS, D., Baron, J.. Strategic human resources: frameworks for general managers [M]. Hoboken, NJ: Wiley,1999.

[221] KRISTIAN Moller, ArtoRajala, SenjaSvahn. Strategic business network type and management[J]. Journal Of business research, 2005(58): 1274-1284.

[222] KURATKO D., F., IRELAND R., D. & Hornsby J., S. Improving firm performance through entrepreneurial actions: Acadia's corporate entrepreneurship strategy [J].

Academy of management executive,2001,15(4):60-71.

[223] LARCKER, D. F., SO, E. C., WANG, CC. Y.. Boardroom centrality and firm performance[J]. Journal of accounting and economics, 2013(2): 79-94.

[224] LARSON A. Network dyads in entrepreneurial settings: a study of the governance of exchange relations[J]. Administrative science quarterly, 1992,37(1): 76-104.

[225] LAVIE, D., HAUNSCHILD, PR., KHANNA, E. Organizational differences, relational mechanisms, and alliance performance[J]. Strategic management journal, 2012, 33(13):1453-1479.

[226] LECHNER C, DPWLING M. Firm networks: External relationships as sources for the growth and competitiveness of entrepreneurial firms[J]. Entrepreneurship and regional development, 2003, 15(1):1-26.

[227] LEE S C,LIANGH,LIU C Y. The effects of absorptive capacity, knowledge sourcing strategy and alliance forms on firm performance[J]. The service industries journal, 2010,30(14):2421-2440.

[228] LEE Y.,CAVUSGIL S. T. Enhancing alliance performance: the effects of contractual-based versus relational based governance[J]. Journal of business research,2006,59 (8): 896-905.

[229] LEVIN,D.Z.,CROSS,R.The strength of weak ties you can trust: the mediating role of trust in effective knowledge transfer [J]. Management science, 2004,50(11): 1477-1490.

[230] LEYDESDORFF, L., ETZKOWITZ. H. Emergence of a triple of university-industry-government relations [J]. Science and public, 1996(23):279-286.

[231] LI X. Sources of external technology, absorptive capacity, and innovation capability in Chinese state-owned high-tech enterprises[J]. World development, 2011, 39(7): 1240-1248.

[232] LIU F,SIMON, D. F,SUN Y.. China's innovation policies: evolution, institutional structure and trajectory[J]. Research policy,2011,40(7): 917-931.

[233] LIU, Y., LI, Y., TAO, L., WANG, Y.. Relationship stability, trust and relational risk in marketing channels: evidence from China [J]. Industrial marketing management, 2008, 37(4): 432-446.

[234] LOESER BO. How to set up a cooperation network in the production industry[J]. Industrial marketing management, 1999, 29(1): 453-465.

[235] LORENZONI,G.,BADEN FULLER,C.. Creating strategic center to manage a web of partners[J]. California management review, 1995,37(3):146.

[236] MAINE, E., GARNSEY, E. Commercializing generic technology: the case of advanced materials ventures[J]. Research policy, 2006,35 (3):375-393.

[237] MAN, T. W. Y., LAU, T., CHAN, K.. The competitiveness of small and medium enterprises: a conceptualization with focus on entrepreneurial competencies [J]. Journal of business venturing, 2002, 17(2): 123-142.

[238] MARCEL MAUSS. The Gift: The form and reason for exchange in archaic Societies [M]. New York:W. W. norton & company,2000.

[239] MARKUS,FITZA,SHARON F.,MATUSIK, ELAINE MOSA KOWSKI, Do V.S. Matter. The importance of owners on performance variance in start-up firms[J]. Strategic management journal.2009,30(11):387-404.

[240] MARSDEN P V,CAMPBELL K E. Measuring tie strength[J]. Social forces, 1984,63 (2): 482-501.

[241] MARTIN P.Y., TURNER B. A.. Grounded theory and organizational research [J]. The journal of applied behavioral science, 1986,22(2): 141-157.

[242] MARVEL M R,LUMPKIN G T. Technology entrepreneurs' human capital and its effects on innovation radicalness [J]. Entrepreneurship theory and practice,2007,31 (6): 807-828.

[243] MAUREEN BLYLERl, RUSSELL W. COFF, Dynamic capabilities, social capital, and rent appropriation: ties that split pies [J].Strategic management journal,2003,24 (7): 677-686.

[244] MAURER,I.,EBERS,M—Dynamics of social capital and their performance implications: lessons from biotechnology start-ups administrative[J]. Science quarterly, 2006,51 (2):262-292.

[245] MCEVILY B, ZAHIEER A. BRIDGING TIES: A Source of firm heterogeneity in competitive capabilities [J]. Strategic manage journal,1999,20(12):1133-1156.

[246] MICHAEL A. HITT, LEONARD BIERMAN, KATSUHIKO SHIMIZU, RAHUL KOCHHAR. Direct and moderating effects of human capital on strategy and performance in professional service firms: a resource-based perspective[J]. The academy of management journal, 2001,44(1):13-28.

[247] MILLER W. L., MORRIS L. Fourth generation R&D: managing knowledge,

technology, and innovation[M]. New York: John Wiley & Sons, 2008.

[248] MOHSEN K., ENG T. Y. The antecedents of cross-functional coordination and their implications for marketing adaptiveness[J]. Journal of business research, 2016, 69 (12): 5946-5955.

[249] MÖLLER, K. K., HALINEN, A.. Business relationships and metworks: managerial challenge of network era[J]. Industrial marketing management, 1999, 28 (5): 413-427.

[250] MORGAN R M, HUNT S D. The commitment-trust theory of relationship marketing [J]. Journal of marketing, 1994, 58(3).

[251] MS HENNINGSEN, T Hægeland, J MøEN. Estimating the additionality of R&D subsidies using proposal evaluation data to control for research intentions [J]. Discussion Papers, 2014, 40(2):227-251.

[252] NAN LIN, Social Networks and status attainment[J]. Annual review of Sociology, 1999, 25: 467-487.

[253] NELSON, R.R. National innovation system: a comparative analysis[D]. University of Illinois at Urbana-champaign's academy for entrepreneurial leadership historical research reference in entrepreneurship.

[254] NEWBERT, S. L., TORNIKOSKI, E. T., QUIGLEY, N. R.. Exploring the evolution of supporter networks in the creation of new organizations[J]. Journal of business venturing, 2013, 28(2): 281-298.

[255] NONAKA I, TAKEUCHI H. The knowledge-creating company: how Japanese companies create the dynamics of innovation [M]. London: Oxford University Press, 1995.

[256] NORDFORS J, SANDERDED J, WESSNER C. Commercialization of academic research results, VINNOVA forum-innovation policy in focus VFI 2003: 1 [R]. Swedish agency for innovation systems, 2003.

[257] O'SHEA M, ASHKANASY N M, HARTEL C E J, GALLOIS C. Enotion as a mediator of work attitudes and behavioral intentions [C]. Paper persented at the annual meeting of the society for industrial and organizational psychology, Toronto, Ontaril, Canada, 2002.

[258] OBSTFELD, D. Knowledge creation, social networks and innovation: an integrative study [C]. Aeademy of management proeeeding, 2002.

[259] OWEN-SMITH, J., POWELL, W.. Knowledge network as channels and conduit: the effects of spillovers in the boston biotechnology community[J]. Organization science, 2004, 15(1): 5-21.

[260] OZGEN, E., BARON, R. A.. Social sources of information in opportunity recognition: effects of mentors, industry networks, and professional forums[J]. Journal of business venturing, 2007, 22(2): 174-192.

[261] PARDO T. A., ZHANG J., THOMPSON F. Inter-organizational knowledge sharing in public sector innovations[C]. Academy of management proceedings, PNP: AI, 2001.

[262] PARK S., BAE Z.. New venture strategies in a developing country: identifying a typology and examining growth patterns through case studies[J]. Journal of business venturing,2004,19(7):81-105.

[263] PARTHASARTHY, R., HAMMOND J. Product innovation input and outcome: moderating effects of the innovation process[J]. Journal of engineering and technology management,2002,19(1): 75-91.

[264] PATEL P,PAVITT K. The technological competencies of the world's largest firms: complex and path dependent, but not much variety[J]. Research policy,1997(26): 141-156.

[265] PENG, M. W., LUO, Y.. Managerial ties and firm performance in a transition economy: the nature of a micro-macro link[J]. Academy of management journal, 2000, 43(3): 486-501.

[266] PENROSE, E. T. . The theory of the growth of the firm [M]. Oxford: Basil Blackwell,1959.

[267] PERKS H,MOXEY S. Market-facing innovation networks: how lead firms partition tasks, share resources and develop capabilities[J]. Industrial marketing management, 2011,40(8): 1224-1237.

[268] POLANYI M. Personal knowledge[M]. London: Routledge&Kegan Paul, 1958.

[269] POLYANI K. The great transformation: the political and economic origins of our time [J], New York:Rinehart, 1944.

[270] PORTESA. Social capital: its origin and applications in modern sociology[J]. Annual review of sociology, 1988(22): 1-24.

[271] POWEL,W.W.,KOPUT ,K.W.,SMITHDOER, L.. Interorganizational collaboration

and the locus of innovation: networks of learning in biotechnology[J]. Administrative science quarterly,1996, 41 (1):116-145.

[272] PUTNAM, R. D.. BOWLINGV Alone: The collapse and revival of american community[M]. New York:Simon&Schuster,2000.

[273] REAGANS,R. & B. MCEVILY. Network structure and knowledge transfer: the effects of cohesion and range[J]. Administrative science quarterly, 2003,48 (4): 240-267.

[274] RICHARDSON, GEORGE B. , 1972. The organization of industry[J]. Economic journal ,1972,(82):883-896.

[275] RITTER, T., I. WILKINSON. Measuring network competence: some international evidence [J]. The journal of business & industrial marketing,2002(17):2-3.

[276] RITTER, T., WILKINSON, IAN, F., JOHNSTON, W. J. Measuring network Competence: some international evidence [J]. The journal of business industrial marketing, 2002(2): 1305-1321.

[277] RODAN, S., GALUNIC, C. More than network structure: how knowledge heterogeneity influences managerial performance and innovativeness [J]. Strategic management journal,2004,25(6): 541-562.

[278] ROMO,F.,ScCHWARTZ,M.The structural embeddedness of business decisions: the migration of manufacturing plants in New York State, 1960 to 1985[J]. American sociological review,1995,60(6):874-907.

[279] ROTHAERMEL, F. T. Incumbent's advantage through exploiting complementary assets via interfirm cooperation [J], Strategic management journal, 2001, 22 (6): 687-699.

[280] ROWLEY, T., BEHRENS, D., KRACKHARDT, D. Redundant governance structures: an analysis of structural and relational embeddedness in the steel and semiconductor industries[J].Strategic management journal,2000,21(3):369-386.

[281] RUEF, M.. Strong Ties, Weak ties and islands: structural and cultural predictors of organizational innovation[J]. Industrial and corporate change, 2002, 11(3): 427-449.

[282] S. ACHROL. Evolution of marketing organization: new forum for turbulent environments [J].Journal of marketing,1991,55 (10).

[283] SABATO, J. E. The dynamics of innovation: from national systems and mode 2 to a triple helix of university – industry – government relations[J].Research policy, 1975

(29)：109-123.

[284] SAHAY B S. Supply chain collaboration：the key to value creation[J]. Work study，2003,52(2)：76-83.

[285] SALMAN N，SAIVES A L. Indirect networks：an intangible resource for biotechnology innovation [J].R&D management,2005,35(2)：203-215.

[286] SCOTT，WIR.，DAVIS,G.F..Organizations and organizing rational，natural and open system perspectives[M]. London：Prentice Hall,2007.

[287] SE JACKSON，CH CHUANG，EE HARDEN，J YUAN. Toward developing human resource management systems for knowledge-intensive teamwork[J]. Research in personnel & human resources management，2006,25(06)：27-70.

[288] SENART A，BOUROCHE M，CAHILL V. Modelling an emergency vehicle early-warning system using real-time feedback [J]. International journal of intelligent information and database systems,2008,2(2)：222-239.

[289] SHAH S. Sources and patterns of innovation in a consumer products field：innovations in sporting equipment[J]. Sloan wording paper，2000.

[290] SHAN,W.，WALKER,G.，KOGUT,B. Interfirm cooperation and startup innovation in the biotechnology industry [J]. Strategic management journal，1994，15（5）：387-394.

[291] SPARROWE R T,LIDEN R C,WAYNE S J. Social networks and the performance of individuals and groups[J].Academy of management journal,2001,44(2)：316-325.

[292] STACY L WOOD，C PAGE MOREAU From fear to loathing? How emotion influences the evaluation and early use of innovation[J]. Journal of marketing，2006(70)：44-57.

[293] STAM，W. S.，ARZLANIAN. Social capital of entrepreneurs and small firm performance：a meta-analysis of contextual and methodological moderators [J]. Journal of business venturing，2013(5)：231-247.

[294] STYLIOS C D，GROUMPOS P P. Fuzzy cognitive maps：a soft computing technique for intelligent control[J]. International symposium on intelligent control，2000（35）：97-102.

[295] SU，C.，YANG，Z.，ZHUANG，G.，ZHOU，N.，DOU，W.. Interpersonal influence as an alternative channel communication behavior in emerging markets：the case of China[J]. Journal of international business studies，2008，40(4)：668-689.

[296] SUBRAMANIAM M, YOUNDT M A. The influence of intel-lectual capital on the types of innovative capabilities [J]. Academy of management journal, 2005, 48(3): 450-463.

[297] TSAI, W., GHOSHAL, S.. Social capital and value creation: the role of intra-firm networks[J]. Academy of management journal, 1998, 41(4): 464-476.

[298] TSAI, W.. Knowledge transfer in intra-organizational networks: effects of network position and absorptive capacity on business unit innovation and performance[J]. Academy of management journal, 2001, 44(5): 996-1004.

[299] TEECE, D. J., PISANO, G., SCHUEN, A. Dynamic capabilities and strategic management [J]. Strategic management journal, 1997(18): 509-533.

[300] TIMMONS, J. A., SPINELLI, S. New venture creation: entrepreneurship for the 21st century[M]. Boston: McGraw-Hill, 2004.

[301] TSAI, W. Knowledge transfer in intra-organizational networks: effects of network position and absorptive capacity on business unit innovation and performance [J]. Academy of management, 2001, 44(5): 996-1004.

[302] UZZI B, GILLESPIE J J. Knowledge spillover in corporate financing networks: embeddedness and the firm's debt performance[J]. Strategic management journal, 2002, 23(7): 595-618.

[303] UZZI B. Social structure and competition in inter-firm networks: the paradox of embeddedness[J]. Quarterly, 1997, 42(1): 35-67.

[304] UZZI B. Social structure and competition in interfirm networks: the paradox of embeddedness[J]. Administrative science quarterly, 1997: 35-67.

[305] UZZI B. The sources and consequences of embeddedness for the economic performance of organizations: the network effect[J]. American sociological review, 1996: 674-698.

[306] VERMON HENDERSON, Externalities and industrial development[J]. Cityscape, 1994, 1(1): 75-93.

[307] WALKER, G., KOGUT, B., SHAN, W. J.. Social capital, structural holes and the formation of an industry network[J]. Organization science, 1997, 8(2): 109-125.

[308] WALTER A., M. AUER, T. RITTER. The impact of network capability and entrepreneurial orientation on university spin-off performance[J]. Journal of business venturing, 2006(21).

[309] WANG C. L., AHMEDP. K.. Dynamic capabilities: a review and research agenda[J].

International journal of management reviews，2007,9(1):31-51.

[310] WASSMER U. Alliance portfolios: a review and research agenda[J]. Journal of management,2016,36(1):141-171.

[311] WASSMERaU,DUSSAUGE P. Value creation in alliance portfolios: the benefits and costs of network resource interdependencies[J]. European management journal, 2011, 8(1):47-64.

[312] WIKLUND, J., SHEPHERD, D.. Entrepreneurial orientation and small business performance: a configurational approach[J]. Journal of business venturing, 2005, 20 (1): 71-91.

[313] WILLIAMSON, O. E. The vertical integration of production: market failure considerations[J]. the American economic review, 1971,61(2):112-123.

[314] WITZEMAN S, SLOWINSKIl G, DIRKX. Harnessing external technology for innovation[J]. Research technology management,2006,49(3): 19-27.

[315] YAHUI HSU, WENCHANG FANG. Intellectual capital and new product development performance: the mediating role of organizational learning capability[J]. Technological forecasting and Social Change, 2009,76(5):464-477.

[316] YANG, H. B., Z. J. LIN, Y. L LIN. A multilevel framework of firm boundaries: firm characteristics, dyadic Difference, and network attributes [J]. Strategic management journal,2010,31(3):237-261.

[317] YASEMIN Y. KOR, JOSEPH T. MAHONEY. How dynamics, management, and governance of resource deployments influence firm-level performance[J]. Strategic management journal, 2005,26(5):489-496.

[318] YU-SHAN CHEN, MING-JI JAMES LIN, CHING-HSUN CHANG. The influence of intellectual capital on new product development performance the manufacturing companies of Taiwan as an example [J]. Total quality managment. Bussiness excell, 2006,17(10):1323-1339.

[319] ZAHEER, A., BELL, G. G.. Benefiting from network position: firm capabilities, structural holes, and performance [J].Strategic management joumal, 2005, 26(9): 809-825.

[320] ZUKIN, S. & DI MAGGIO, P. Structures of capital: thesocial organization of economy [M].Cambridge ,MA: Cambridge University Press,1990.

索 引